乡村振兴院士行丛书

丛书主编 邓子新

NEW

SHUICHAN YANGZHI XIN MOSHI

水产养殖新模式

本册主编 唐德文 段春生

图书在版编目（CIP）数据

水产养殖新模式 / 唐德文，段春生主编 . — 武汉 : 湖北
科学技术出版社，2023.3

（乡村振兴院士行丛书 / 邓子新主编）

ISBN 978–7–5706–2373–0

Ⅰ . ①水… Ⅱ . ①唐… ②段… Ⅲ . ①水产养殖－基
本知识 Ⅳ . ① S96

中国版本图书馆 CIP 数据核字（2022）第 253508 号

策划编辑：唐 洁 雷霈霓 责任校对：陈横宇 余东轩
责任编辑：张丽婷 封面设计：张子容 胡 博

出版发行：湖北科学技术出版社 电 话：027-87679468
地 址：武汉市雄楚大街 268 号 邮 编：430070
 （湖北出版文化城 B 座 13~14 层）
网 址：www.hbstp.com.cn

印 刷：湖北新华印务有限公司 邮 编：430035

787mm×1092mm 1/16 14 印张 252 千字
2023 年 3 月第 1 版 2023 年 3 月第 1 次印刷
 定 价：45.00 元

编　委　会

总 序
ZONGXU

　　十里西畴熟稻香，垂垂山果挂青黄。几十年前，绝大多数中国人都在农村，改革开放以后，才从农村大量迁徙到城市，几千年的农耕文化深植于每个中国人的灵魂，可以说中国人的乡愁跟农业情怀密不可分，我和大多数人一样每每梦回都是乡间少年的模样。

　　四十多年前，我走出房县，到华中农学院（现华中农业大学）求学，之后一直埋头于微观生物的基础研究，带着团队在"高精尖"层次上狂奔，在很多人看不见的领域取得了不少成果和表彰。党的十九大以来，实施乡村振兴战略，成为决胜全面建成小康社会、全面建设社会主义现代化国家的重大历史任务，成为新时代"三农"工作的总抓手。2022年，党的二十大报告又再次提出全面推进乡村振兴，坚持农业农村优先发展，坚持城乡融合发展，加快建设农业强国，扎实推动乡村产业、人才、文化、生态、组织振兴等一系列部署要求。而实现乡村振兴的关键，就在于能有针对性地解决问题。对农业合作社、种植养殖大户等要加大农业新理念、新技术和新应用培训，提升他们科学生产、科学经营的能力；对留守老人、妇女等要加大健康保健、防灾防疫等知识的传播，引导他们更新生活理念，养成健康的生活习惯与生活方式；对农村青少年等要加大科学兴趣的培养，把科学精神贯穿于教育的全链条，为乡村全面振兴提供高素质的人才储备。

　　所以当2021年有人提议成立农业科普工作室时，我们一拍即合，连续开展了38场农业科普活动，对象涵盖普通农民、农业公司、广大市民、高校师生，发起了赴乡村振兴重点县市的乡村振兴院士行活动。农业科普活动就像星星之火，如何形成燎原之势，让科普活动的后劲更足，还缺乏行之有效的抓手，迫切需要将农业科普活动中发现的疑难点汇集成册，让大家信手翻来。在湖北科学技术出版社的支持下，科普工作室专家将市民、农民、企业深度关注的热点、难点和痛点等知识汇集成册，撰写成了"乡村振兴院士行丛书"。

本丛书重点围绕发展现代农业和大健康卫生事业两方面，对当前农业从业人员和医护人员普遍关注的选种用种、种植业新技术、水产养殖业、畜牧养殖业、农业机械化、农产品质量安全、特色果蔬、中药材种植及粗加工、科学用药理念及农村健康医疗救治体系建设等方面内容，分年度组织专家进行编写。丛书采用分门别类的形式，借助现代多媒体融合技术，进行深入浅出的总结，文字生动、图文并茂、趣味性强，是一套农民和管理干部看得懂、科技人员看得出门路，普适性高、可深可浅的科普读物和参考资料。

"乡村振兴院士行丛书"内容翔实，但仍难免有疏漏和不足之处，恳请各级领导和同行专家提出宝贵意见。

邓子新

2022 年 10 月 26 日

前 言
QIANYAN

　　我国是水产养殖大国，自 1989 年水产品总产量达到 1332 万 t，到 2020 年水产品总产量达到 6549 万 t，连续 30 多年稳居世界第一位，养殖产量约占世界水产品养殖产量的 2/3。多年来，水产养殖贡献了大量动物性食品，提供了优质廉价的蛋白质，为保障粮食安全、农民（渔民）增收致富，发挥了巨大作用。

　　武汉市素有"百湖之市、水上武汉"的美称，具有发展水产养殖业独特而丰富的水资源优势。武汉渔业科技资源优势明显，市内有中国科学院水生生物研究所、水工程生态研究所，华中农业大学，中国水产科学研究院长江水产研究所等一批国家科研机构和高等院校，从事水产科学研究的专家教授和水产技术推广的专业人员众多，科技力量雄厚。改革开放以来，武汉市水产养殖业得到了长足的发展，重视大水面开发，注重商品鱼基地建设，精养鱼池从无到有，养殖水面逐步扩大，水产品数量持续快速增长，质量不断优化，渔民收入显著增长，实现了从捕捞为主到养殖为主的革命性转变，实现了从"吃鱼难"到"吃鱼多"再到"吃好鱼"的转变。

　　"十三五"以来，武汉市渔业发展又取得了新成就，呈现出新特点。

　　一是渔业经济保持平稳快速发展。"十三五"末，全市养殖渔业面积 66.7 万亩（1 亩 ≈ 667 m²），增殖渔业面积 70.5 万亩；稻虾综合种养总面积达到 22.6 万亩。全市渔业总产值达 296.3 亿元，其中渔业产值（养殖业）112.8 亿元，较"十二五"末增加了 22.87%，渔业经济迈上新台阶，在大农业中的比重稳中有升。全市水产品产量 42.7 万 t，其中，河蟹、鳜鱼、黄颡鱼、鮰鱼、小龙虾等特色水产品产量 11.3 万 t，占比 26.5%，养殖品种进一步优化。

　　二是科技贡献作用进一步提高。通过国家审定水产新品种 4 个，获得省部级以上科技成果奖励 8 项；水产良种体系建设不断完善，基本形成了"国家原良种场 – 省级原良种场 – 市级繁育场"三级苗种生产体系，年良种生产量达 99亿尾；数字渔业稳步推进，渔业物联网技术、远程鱼病诊断技术、渔业电子商务等新型业态不断涌现。

三是水产健康养殖技术深入推进。先后制定了中华绒螯蟹、黄颡鱼、鳜鱼养殖技术操作规程等一批地方标准，为推广水产健康养殖和标准化生产奠定了技术基础。

四是基础设施加速提档升级。建成渔业标准化健康养殖基地 44.34 万亩；建成省部级水产健康养殖示范场（区）54 个，面积 25 万亩；建成全国休闲渔业示范基地 2 个；工厂化循环水养殖规模日益壮大，池塘循环水流道养殖面积3.7 万平方米，集装箱循环水养殖 800 平方米，"零排放"圈养绿色高效循环养殖 2000 平方米，渔业基础设施建设水平大幅提高。

五是水域生态环境保护成果显著。建成自然保护区 5 个，国家级水产种质资源保护区 3 个，国家级风景名胜区 1 个，初步构建了以国家级保护区为核心的水域滩涂保护格局；推进水产养殖尾水达标排放工程，500 亩以上连片精养鱼池实现尾水达标排放，渔业生态环境得到持续改善。

进入新时代，生态优先、绿色发展的理念深入人心，渔业发展环境约束加剧，渔业发展空间受限。如何践行"两山理论"，实现渔业发展与环境保护共赢局面，实现渔业可持续发展，是水产养殖业长期面临的重大课题。

为适应新时代水产养殖业的新形势和新要求，满足广大水产养殖者对新品种、新技术、新模式的迫切需求，不断提高养殖科技水平和养殖效益，武汉市农业农村局、邓子新院士科普工作室组织武汉市水产技术推广指导中心多位专家、技术人员编写了"乡村振兴院士行丛书"之《水产养殖新模式》。本书共分三章，二十三节。第一章对水产养殖入门基础知识做了简要介绍；第二章介绍了近年来我市重点推广的名优新品种养殖技术；第三章介绍了近年农业农村部发布的主推养殖模式，也是我市近年来大力推广的养殖新模式，希望能对广大养殖生产者提高养殖效益、适应绿色发展要求起到一定的指导作用。由于我们水平有限，时间仓促，书中难免有一些疏漏和错误，敬请广大读者批评指正。

编　者
2022 年 12 月

目 录

MULU

第一章
水产养殖基础知识

第一节 常用名词解释

1. 池塘养殖

淡水养殖学的基础及重要组成部分，是运用有关养殖鱼类及水生动物的食性、生长、繁殖、栖息习性等生物学特性的知识，研究鱼类及水生动物在池塘等小面积水体中繁殖和养殖的一门综合性应用学科。

2. 淡水养殖

在池塘养殖的基础上，扩大到对湖泊、水库等内陆水域生活的鱼、虾、蟹、贝类等进行繁殖保护，并通过人工放养，引种、驯化、环境改良、鱼类及饵料生物区系的调整，合理捕捞及科学管理等综合措施，提高各种生物种群资源的再生产力，获得比自然状态下产量高且相对稳定的水产品。

3. 集约化养殖

将池塘养殖的理论和原理与现代化科学技术紧密结合，在小水体中为高密度养殖对象创造最适宜的生长、发育环境，采用科学、先进的饲养管理方法，加快生长速度，提高群体产量，能在较短的时期内获得高产、高效的养殖经营方式。

4. 健康养殖

通过采用投放无疫病苗种、投喂全价饲料及人为控制养殖环境条件等技术措施，使养殖生物保持最适宜生长和发育的状态，实现减少养殖病害发生、提高产品质量的一种养殖方式。

5. 生态养殖

根据不同养殖生物间的共生互补原理，利用自然界物质循环系统，在一定

的养殖空间和区域内，通过相应的技术和管理措施，使不同生物在同一环境中共同生长，实现保持生态平衡、提高养殖效益的一种养殖方式。

6. 水华

肥水池塘中，浮游植物现存量很高，水色很浓，在肥水的基础上藻类进一步大量繁殖，有时会出现云块状或带状的藻团、浮膜等。

7. 倒藻

养殖水体中藻类大量死亡，导致水色骤然变清、变浊（有黄浊、白浊和粉绿色的混浊之分），甚至变红的一种现象。

8. 鱼载量和鱼载力

单位水体面积或单位水体体积中测定的鱼类的重量称为鱼的生物量或现存量，也是水体的鱼载量。单位水体面积中所能维持的最高鱼载量称为鱼载力。

9. 鱼产量

单位水体面积在一定时间内所产生的鱼类生物量称为鱼产量。池塘鱼产量一般以鱼类出塘时的总增重量来表示。

10. 鱼产力

一般指水体保证鱼类再生产速率的一种性能，可分为实际鱼产力和潜在鱼产力。实际鱼产力指实际提供鱼产量的能力，潜在鱼产力指可能提供的最高鱼产量的能力。

与水体相关的专业名词

盐度：1000g 水中所含溶解盐类的克数称为盐度。按国际湖沼学会的方案，淡水盐度的上限为 0.5‰，但习惯上盐度为 1‰ 以内的水均称为淡水。

碱度：淡水中溶解最多的是碳酸氢盐。所谓碱度是指水中碳酸氢根等弱酸离子的含量。

硬度：指水中钙、镁离子总量。淡水中盐类的主要成分是钙和镁组成的碳酸盐类，所以一般淡水总碱度和总硬度的数值相差不大。

透明度：指光透入水中的程度。把透明度板沉入水中至恰好分不清板面的黑白色，此时的深度称透明度（cm）。

pH 值：水中氢离子浓度的负对数值，表示水的酸碱度，是对生物影响的一个综合因素。养鱼池水 pH 值以 7 ~ 8.5 为宜。

11. 增重倍数

为毛产量与引种量之比，目前生产上多用它来表示鱼类的相对增重率。

12. 浮头

由于水域环境的变化，造成含氧量急剧下降，致使鱼类因缺氧而浮在水面吞食空气的现象。轻微的浮头可影响鱼类生长速度，严重浮头会造成大批鱼类死亡。

13. 泛塘

在池塘养鱼生产中出现的鱼类严重浮头并出现大批鱼类死亡甚至全部死亡的现象。

14. 清塘

养鱼前彻底清理池塘，清除淤泥，杀灭害鱼、害虫等，以保证鱼类有良好的生长环境。

15. 巡塘

在特定的时间到池塘巡视，全面了解和掌握池塘、鱼类状况和生产情况，以便及时发现问题和解决问题。

16. 改底

养殖的池塘经过一段时间饲养，因大量投饵，剩余残饵、动物粪便沉积池底，使底质恶化，产生有害物质，抑制水产养殖动物生长发育，因此在饲养过程中注意观察底质，使池塘生态平衡，水质各项指标符合优良，营造一个良好的水环境，促进水产养殖动物生长发育。

鱼苗分类

水花：从鱼类受精卵刚孵出的小鱼，直至吸收完卵黄囊的营养物质，体长 8 ~ 9mm，约大头针尖粗细，能自由平游，活动力较强，适合长途运输的鱼苗称之为水花。

乌仔：水花经 10 ~ 15 天的培育，养成体长 1.5 ~ 2.5cm、头部明显发黑、游泳能力强的鱼苗称为乌仔。

夏花：乌仔经过 15 ~ 20 天的培育，养成体长 3 ~ 4cm 的鱼苗，由于此时正值夏季，故而称之为夏花。有的地方称为火片、寸片。水花、乌仔和夏花统称为鱼苗。

秋片：夏花经 1 ~ 2 个月饲养，养成体长 5 ~ 8cm 的鱼种，称秋片，又称秋花。

冬片：夏花经过 3 ~ 5 个月的饲养，体长达 9 ~ 15cm，当年冬季出塘的鱼种，故称冬片。

春片：秋片越冬后称为春片。

冬片、秋片、春片统称为鱼种。

17. 菌相

水体菌相指共存于养殖水体中的细菌种类及其相对数量的构成。

18. 藻相

水体藻相指共存于养殖水体中的藻类种类及其相对数量的构成，其中优势藻类的不同使得水色的表现不同。

19. 混养

根据水产养殖动物的不同食性和栖息习性，在同一水体中按照一定比例搭配放养几种水产养殖动物的养殖方式。

20. 套养

在同一水体中同时放养一定数量不同种或同种不同规格苗种的养殖方式。

21. 药浴

将水产养殖动物浸浴在一定浓度的药液中以杀灭体表病原体的一种疾病防治方法。

22. 休药期

最后停止给药日至水产品作为食品上市出售的间隔时间，目的是让水产品的药物含量降低至符合人体安全的浓度以下。休药期有两种单位：天、度日（如 500 度日，即该药品在全天平均水温 25℃时休药期为 20 天）。

23. 滤食性鱼类

如鲢鱼、鳙鱼等，口较大，鳃耙细长、密集，其作用好比一个浮游生物滤网，用来滤取水中的浮游生物。

24. 草食性鱼类

摄食大量水草或幼嫩陆生草的鱼类，如草鱼、团头鲂、长春鳊等。

25. 杂食性鱼类

如鲤鱼、鲫鱼等，其食谱范围广而杂，有植物性成分也有动物性成分。它们除了摄食螺蛳、河蚬、水蚤、摇蚊幼虫等底栖动物和水生昆虫外，也摄食水草、丝状藻类、腐屑等。

26. 肉食性鱼类

在天然水域中，既有捕食其他鱼类为食物的凶猛鱼类，如鳜鱼、鳡鱼、红鳍鲌、乌鳢、鳗鲡等，也有性格温和、以无脊椎动物为食物的鱼类，如青鱼以螺蚬类为食，黄颡鱼摄食大量水生昆虫、虾类和其他底栖动物。

第二节　主要养殖品种

目前我国海水、淡水水体中饲养的鱼类已超过 80 种，其中有不少种类又有多个品系或品种。如何因地制宜地选择养殖鱼类，以便使有限的投入取得最大的经济效益、社会效益和生态效益，是养殖中首先遇到的关键技术问题。

因此，作为水产养殖工作者，必须要掌握了解主要养殖品种的生物、生理、生态习性。本节简要介绍武汉市目前常见的淡水鱼类、甲壳类和爬行类养殖品种的生物学特性。

一　选择养殖品种的目标

坚持以生产的整体效益为目标，为发展生态渔业创造条件。生产的整体效益包括养殖对象饲养后取得的经济效益、社会效益和生态效益。

1. 经济效益

生产的鱼产品是否有市场，即养殖鱼类的价格和销路，是选择养殖鱼类的首要依据。市场是渔业生产活动的起点和终点。只有根据市场需要，才能确定合适的养殖对象和养殖数量；同样，养成后的鱼产品只有通过市场，才能进行商品交换，体现出商品的使用价值。以市场为导向，以经济效益为中心已成为各养殖企业的经营宗旨。因此，被选择的养殖对象必须是能产生较高经济效益的鱼类。

2. 社会效益

选择养殖对象除了具有肉味鲜美、营养价值高、群众喜欢食用的特点外，还应考虑到随着生活水平的提高，人们对水产品品质的要求也越来越高，因此，必须增加"名、特、优、新"水产品的养殖种类和数量。另一方面，又要从广大群众利益出发，根据人们对水产品的食用要求，每月、每日能提供一定数量的水产品，做到产品鲜活、供应稳定。因此，被选择的养殖对象不仅应高产、优质，而且还得是能为均衡上市创造条件（如容易捕捞、运输不易死亡等）的鱼类。

3. 生态效益

选择的养殖对象在生物学上要具有能充分利用自然资源，节约能源，循环利用废物，提高水体利用率和生产力，改善水环境等特性。每种养殖对象具有上述一个或数个特性，即可进行组装和综合，以加快水域物质循环和能量流动速度，保持水体在大负荷情况下，输入和输出的平衡及渔场的生态平衡。通过混养搭配、提供合适的饵料等措施，保持养殖水体和养殖企业的生态平衡，提高生态效益，促使养殖生产持续稳定发展。

二 选择养殖品种的标准

不同种类的鱼类在相同的饲养条件下，产量、产值有明显差异，这是由它们的生物学特性决定的。与生产有关的生物学特性即生产性能是选择养殖鱼类的重要技术标准。作为养殖鱼类应具有下列生产性能。

1. 生长快

能在较短时间内达到食用规格。

2. 食物链短

在生态系统中，能量的流动是借助食物链来实现的。在食物链上，从一个营养级到下一个营养级不断逐级向前流动。食物链愈短，能量流失也愈小，能量转化效率也愈高，总的生物量也愈大，获得高产的可能性也愈大。如鲢鱼和草鱼，其食物链最短，能量转化效率高，成本低；而鳜鱼食物链长，能量转化效率低，成本高。

3. 食性或食谱范围广，饲料容易获得

如杂食性鱼类的罗非鱼、鲤鱼、鲫鱼，无论是动物性食物或植物性食物还是有机碎屑（腐屑），它们都喜食。这些鱼类对饵料的要求低，因此，养殖成本低。而鳜鱼从鱼苗开始就只能以吞食活鱼苗为生，对其他饵料（即使是死鱼）饿死不食，因此其养殖规模和范围就受到很大限制。

4. 苗种容易获得

鱼苗鱼种是发展养殖生产的基本条件，只有同时获得量多质好的各种养殖鱼类的苗种，才能充分发挥水质、鱼种和饵料的生产潜力，养殖生产才能健康、稳步、持续地发展。如 1958 年我国家鱼人工繁殖的成功，使鱼苗生产从根本上改变了过去长期依靠捕捞长江、珠江天然鱼苗的被动局面，从而能人工控制，就地有计划地进行苗种生产，为发展家鱼的养殖立下了划时代的里程碑，为我国水产养殖的大发展奠定了基础。而鳗鲡养殖，虽经各国水产科技人员几十年努力，但其人工繁殖和育苗的难题至今还未解决，只能依靠每年在某些河口捞苗解决鳗鱼苗问题，故鳗鱼苗数量靠天吃饭，资源有限，造成价格昂贵，养鳗风险大。

5. 对环境的适应性强

对水温、溶氧（低氧）、盐度、碱度的适应能力强，对病害的抵抗力强的鱼类，不仅可以扩大在各类水体的养殖范围，而且为高密度混养、提高成活率创造了良好的条件。因此，抗逆性、抗病性强的种类往往是良好的养殖鱼类。

目前，我国鱼类养殖的主要对象均为淡水种类，其中以青鱼、草鱼、鲢鱼、鳙鱼、鲤鱼、鲫鱼、鲂鱼、鳊鱼、鲮鱼等种类最为普及。这些鱼类是通过长期的养殖生产实践选择出来的，它们的生产性能均符合上述要求，因此渔民称其为家鱼。而其他鱼类（包括一些海水养殖对象），尽管比家鱼生长更快、肉味更鲜美，但由于其生产性能在某些方面存在明显的缺陷，故统称为"名特优水产品"。

三　主要养殖鱼类

（一）青鱼

青鱼喜栖息和活动在水的下层，冬季在深水处越冬。青鱼属肉食性鱼类，主要摄食螺蛳及底栖动物等。咽喉齿呈臼状，角质垫发达，适于压碎螺类、贝类，其肠道也较短，是体长的 1 倍左右。在人工饲养的条件下，也摄食饼、麸和蚕蛹配制的饲料。生长速度较快，1 龄时可长至 500g，2 龄时可长至 2.5 ～ 3.5kg，3 龄时生长速度最快，在良好的环境中可长至 6 ～ 7.5kg。进入性成熟的 5 龄后，生长速度明显放慢。长江青鱼首次成熟的年龄为 3 ～ 6 龄，一般为 4 ～ 5 龄，雄鱼提早 1 ～ 2 龄。雌鱼成熟个体一般长约 1m，重约 15kg。雄鱼成熟个体一般长约 0.9m，重约 11kg。繁殖季节为 5—7 月。产卵活动较分散，延续时间较长。卵为漂浮性卵。

青鱼

（二）草鱼

草鱼平时栖居于水的中下层，觅食时也偶尔在水的上层活动，冬季在深水中越冬。性情活泼，游水快。草鱼是草食性鱼类，主要摄食高等水生植物，所食水草随各水体而异，苦草、轮叶黑藻、小茨藻、眼子菜、浮萍等都是其喜食的种类，也喜食有些旱草、苏丹草。草鱼肠道较长，成鱼的肠管长度一般是体长的 2 倍多。咽喉齿具有锯齿状的顶面，可切断、嚼碎水草。食量较大，日摄食量可达体重的 40%。在人工喂养条件下，也喜食饼类、糠、麸和蚕蛹等配制的饲料。生长速度较快，2 ～ 3 龄生长最快，达到 5 龄时，生长速度明显减慢。因此，草鱼在 3 龄后体重达到 5kg 时，起捕食用较为合理。草鱼性成熟年龄和个体大小与纬度（热量）有密切关系。在我国华南地区，草鱼性成熟年龄为 3 ～ 4 龄，体重 14kg 左右；在华中地区，性成熟年龄为 4 ～ 5 龄，体重 5kg 左右。此外，营养不同，性成熟年龄和体重也会出现差异。雄性普遍比雌性早熟 1 年，个体也比雌性偏小。卵为漂浮性卵。

草鱼

（三）鲢鱼

鲢鱼喜爱生活在水的上层，性情活泼，能跳跃出水面，受惊时会四处跳跃。鲢鱼属滤食性鱼类，具有特化的滤食器官，以摄食浮游生物为主，如各种硅藻、甲藻、金藻、黄藻等。鲢鱼的肠管长度约为体长的 10 倍，肠管在春夏季充塞度很大，冬季减少到最低限度。鱼苗期开始时摄食浮游动物，如轮虫、无节幼虫、小型枝角类等。鲢鱼生长快，体长增长以 3 ~ 4 龄较快，其中以 2 龄时生长最快，4 龄后生长明显减慢。体重在 1 ~ 6 龄逐年增加，其中以 3 ~ 6 龄增重最快。鲢鱼性成熟年龄一般在 3 龄以上。一般 3kg 以上雌鱼便可达到成熟。5kg 左右的雌鱼每千克体重相对怀卵量 4 万 ~ 5 万粒，每年 4—5 月产卵，绝对怀卵量 20 万 ~ 25 万粒。卵为漂浮性卵。产卵期与草鱼相近。

鲢鱼

（四）鳙鱼

鳙鱼喜栖息在水体中上层，性情温和，容易捕捉。为滤食性鱼类，在天然水体中，以摄食枝角类、桡足类、轮虫等浮游动物为主，也滤食一些藻类。人工养殖条件下，经驯化后的个体也食豆饼、米糠、酒糟及人工配合饲料。生长速度相当快，通常 1 冬龄鱼种养至当年底个体可达 1 ~ 1.5kg，甚至更大。在天然河流和湖泊等水体中，常可见到 10kg 以上的个体，最大者可达 50kg。性成熟年龄为 4 ~ 5 龄，雄鱼最小为 3 龄。初成熟雌鱼个体大多在 10kg 以上，繁殖期在 5—7 月。产漂流性卵，产卵期与草鱼相近。

鳙鱼

（五）鲤鱼

鲤鱼为底栖性鱼类，喜欢在水体的下层活动，对水体环境具有特别强的适应性，能在各种水域中很好地生活，分布十分广泛。鲤鱼属杂食性鱼类，对食物适应范围很广，其食物可分动物性和植物性两大类：动物性食物有螺类、蚬类、淡水壳菜、摇蚊幼虫、虾、幼鱼等；植物性食物有轮叶黑藻、苦草、茨藻、腐烂的植物碎片。其肠管中的食物种类有季节性变化，春夏季以植物性食物为主，秋季则以动物性食物为主，冬季高等植物种类在其肠管中的出现频率增加。鲤鱼生长较快，体重增长以 4 ~ 5 龄时为最快。体重通常为 1 ~ 2.5kg，大的可达 10 ~ 15kg。不同水域中的鲤鱼生长差异较大，多由摄食条件、生长期及栖息环境不同所致。一般 2 冬龄即性成熟，产卵季节为 3—6 月，产卵水温在 16℃以上，18 ~ 22℃为最适水温。卵为黏性卵，水温在 25℃时，受精卵36 ~ 48 小时可孵化出膜。

鲤鱼

（六）鲫鱼

鲫鱼适应性强，在多种水体中都能很好地栖息。肠管长度为体长的 2 ~ 3 倍，最长可达到 5 倍。杂食性，动物性食物有桡足类、枝角类、轮虫、扁螺、淡水壳菜、摇蚊幼虫、虾等；植物性食物有腐烂植物碎片、硅藻、大轮叶黑藻、高等植物种子等。摄食无明显的季节性变化，但在不同的生长阶段有明显的不同。体长 1 ~ 5cm 时，以藻类为主，其次是浮游动物；体长 5 ~ 10cm 时，食物种类除浮游生物外，还有高等植物的幼芽嫩叶；体长 10 ~ 15cm 时，多摄食高等植物；体长超过 15cm 时以底栖动物为其主要食物。在人工饲养条件下，能摄食各种各样的商品饲料，如黄豆饼、菜籽饼、花生饼、麸皮、米糠、豆渣等。野生鲫鱼生长较慢，不同水域的鲫鱼生长速度有一定差异。银鲫、彭泽鲫比野生鲫鱼生长快。彭泽鲫体重增长以当年最快。异育银鲫生长速度比野生鲫鱼快1~2倍。当年繁殖的苗种当年可长到200~250g，最大可达400~500g。鲫鱼一般1冬龄就可达到性成熟，即可产卵，卵为黏性卵，产卵季节为3—6月，产卵水温在16℃以上，18~22℃为最适水温。

鲫鱼

（七）鳊鱼

鳊鱼平时栖于水的中下层，比较适于静水性生活。食性范围较广，草食性，以苦草、轮叶黑藻、眼子菜等水生维管束植物为主要食料，也喜欢吃陆生禾本科植物和菜叶，还能摄食部分湖底植物碎屑。属中型鱼类，生长速度较快，以1~2龄生长最快。食物充足时，一般当年鱼体重可达100~200g；2龄鱼体重可达300~500g，以后生长速度逐渐减慢，最大个体可达3~5kg。鳊鱼一般2~3龄达性成熟。性成熟的雌性个体重约450g，雄鱼体重约400g。此时雌雄两性的身上均有珠星出现。产卵期为5—6月，多在夜间产卵。产卵最适水温为20~29℃，对水流要求不严格。卵淡黄色，具有微黏性，黏附于水草或其他物体上，因此多产在浅水多草的地方。

鳊鱼

（八）团头鲂

团头鲂性情温和，适于静水环境生活，通常在水草丛生的水域栖息，不耐低氧。草食性，与草鱼的食性相似。幼鱼摄食浮游动物，体长 6cm 以上时开始摄食轮叶黑藻嫩叶。成鱼主要摄食苦草、轮叶黑藻、聚草、菹草和马来眼子菜等水草和植物碎屑，还有少量浮游动物。团头鲂为中型鱼类，生产速度较快，当年鱼体长可达 12 ～ 23cm，2 龄鱼体长可达 30cm，以后逐渐减慢。团头鲂除了能在一般淡水中生活，在含盐量较高（0.5‰左右）的水体中也能较好生长。一般主养时，当年鱼种体重可达 50g，2 龄鱼可达 500g 以上。团头鲂 2 ～ 3 龄性成熟，体长 25cm 以上，体重 0.4 ～ 0.5kg。怀卵量一般为 3.7 万 ～ 10.3 万粒。绝对怀卵量和相对怀卵量随体重增加而增加。繁殖水温 20 ～ 28℃。卵为黏性，但黏着力比鲤鱼、鲫鱼的卵差一些，因此附着力弱，更易脱落。多在夜间产卵，产卵场多在浅水多水草的地方，产出的卵黏附在水草上孵化。对水流要求不严格。在水温 20 ～ 25℃条件下，胚胎发育约需 2 天。刚出膜的鱼苗体长 3.5 ～ 4mm，体透明，无色，附在植物上，3 天后开始水平游动和主动摄食。

团头鲂

（九）鳜鱼

鳜鱼属底层鱼类，人工养殖中，夏、秋季鳜鱼常隐藏在池边水草旁，早春和晚秋鳜鱼常用尾鳍将淤泥搅拨掉，形成沙质或硬泥底基的窝穴，然后成群卧藏其中。冬季则栖息于池塘深处。鳜鱼属典型的肉食性凶猛鱼类，终生以活鱼为食。长江中下游地区 6—9 月，是其生长旺季，平均水温 26 ～ 33℃，摄食旺

盛，摄食量大，生长最快，月增重可达 150 ~ 200g；进入 11—12 月，水温降至 10℃左右，仍未停食，即使在寒冷的冬季，仍能继续摄食生长。养殖当年最大个体可达 1 ~ 1.3kg。鳜鱼能在江河、湖泊和水库中自然产卵繁殖，长江流域繁殖季节为 4 月底至 7 月初。繁殖时适宜水温为 20 ~ 32℃，最合适水温为 25 ~ 28℃。鳜鱼性成熟较早，人工养殖的鳜鱼生长发育更快，两性均能在 1 冬龄达性成熟；最小性成熟体重雌鱼为 1kg，雄鱼为 0.75kg。鳜属分批产卵类型，产出的卵为半漂流性卵，能随水流呈半漂浮状态，在漂流中完成孵化。

鳜鱼

（十）黄颡鱼

黄颡鱼多在静水或江河缓流中活动，营底栖生活。白天栖息于水体底层，夜间则游到水体上层觅食。对环境的适应能力较强。黄颡鱼生性胆小，水清或与其他鱼类混养时，常集群躲在水底或遮蔽物下。一般在夜间觅食，属以肉食性为主的杂食性鱼类，食物包括小鱼、虾、各种陆生和水生昆虫（特别是摇蚊幼虫）、小型软体动物和其他水生无脊椎动物。在体长 1.5 ~ 3.5cm 这一阶段，主要摄食浮游动物（轮虫、枝角类、桡足类）、摇蚊幼虫及其无节幼体、水蚯蚓等。当体长达到约 4cm 时，即可开始转入以摄食人工饲料为主，同时还少量摄食一些较大的水生、陆生生物，如大型浮游动物、水蚯蚓、甲壳动物等。黄颡鱼为小型鱼类，生长速度较慢，天然种群当年鱼体重 3 ~ 5g，2 龄鱼多在 50 ~ 100g。黄颡鱼生长雌雄差异显著，雄鱼一般较雌鱼大，1 ~ 2 龄鱼生长较快，以后生长缓慢，2 龄雄鱼体重可达 150 ~ 300 g。自然界中雌雄比例大致为 1∶1.2。黄颡鱼 2 ~ 4 冬龄达性成熟，在 4—6 月水温 20 ~ 30℃时才开始产卵，是产卵较晚的鱼类之一。繁殖期间，雌鱼、雄鱼有明显区别，雄鱼肛门后有一明显的生殖突，雌鱼无此标志。黄颡鱼的受精卵为沉性，圆扁形，淡黄色，黏性较强。在水温 25℃时，经 72 小时左右即可孵出鱼苗。

黄颡鱼

（十一）鲌鱼

鲌鱼生活于流水或缓流水水体的中上层，游动迅速，善跳跃，冬季在深水处越冬。肉食性，幼鱼一般摄食枝角类、桡足类和水生昆虫，成鱼主要摄食鱼类。性成熟年龄因种类和地区不同而异，一般为 2 ～ 5 龄。产卵期一般在 5—7 月，卵具微黏性，黏附在水草的茎叶上。但兴凯青梢红鲌产漂浮性卵。5—8 月繁殖，6 月底至 7 月初为最盛期，在有流水处产卵。卵透明，淡青色，卵径 0.9 ～ 1.2mm。长江流域性成熟年龄为 2 龄。2 冬龄鱼的怀卵量为 2.8 万 ～ 9 万粒，4 冬龄鱼 9.4 万 ～ 26 万粒。鲌鱼生长速度缓慢，最大可达 2kg 以上。主要养殖鲌鱼品种为黑尾近红鲌和翘嘴红鲌。

翘嘴红鲌

（十二）黄鳝

黄鳝为底栖生活的鱼类，常在田埂、堤岸和乱石缝中钻洞穴居，亦喜栖于腐殖质多的水底泥窟中，在偏酸性水体中能很好地生活。在生长季节，白天静卧洞内，夜间外出活动，常守候在洞口捕食。气温、水温较高时，白天也出洞呼吸与捕食。冬季栖息处干涸时，能潜入土深 30 ~ 40cm 处越冬达数月之久。属以动物性食物为主

黄鳝

的杂食性鱼类，主要摄食各种水生、陆生昆虫及幼虫、大型浮游动物，也捕食蝌蚪、幼蛙、螺、蚌及小型鱼、虾类，也食少量浮萍等水生植物，兼食有机质碎屑与丝状藻类。人工养殖黄鳝可以投喂小鱼、小虾、螺蚌肉、蚯蚓、蝇蛆以及各种动物内脏，也可投喂全价人工配合饲料。摄食方式为噬食及吞食，食物不经咀嚼就咽下。食物大时，咬住食物后用旋转身体的方式来咬断食物。捕食后即缩回洞内，喜食活食，耐饥饿。黄鳝属中小型鱼类，生长速度较慢，且受环境条件，特别是受食物的质量和数量的制约较大。人工养殖条件下的黄鳝比天然个体的生长速度提高 2.5 倍左右，上市时间也由天然条件下的 3 ~ 4 年提高到 2 年左右（含 1 年种苗期）。尤其是网箱养殖、流水养殖等新兴的饲养方式，可做到当年放种，当年养成商品规格，当年上市。黄鳝从胚胎到第一次性成熟均为雌性，产卵后卵巢退化，慢慢变成精巢，而成为终生的雄性，这种由雌到雄的转变叫性逆转现象。一般体长 20cm 以下的成体黄鳝均为雌性；体长 22cm 左右的成体开始性逆转；体长 36 ~ 38cm 时，雌雄个体数几乎相等；体长 38cm 以上时，雄性占多数；体长 53cm 以上时，则几乎全部是雄性。

（十三）泥鳅

泥鳅喜欢栖息于静水的底层，常出没于池塘底部富有植物碎屑的淤泥表层，对环境适应力强。生活水温为 10 ~ 30℃，最适水温为 25 ~ 27℃，属温水鱼类。当水温升高至 30℃时，即潜入泥中度夏。冬季水温降至 5℃以下时，

即钻入泥中 20 ~ 30cm 处越冬。泥鳅不仅能用鳃和皮肤呼吸，还具有特殊的肠呼吸功能。泥鳅为杂食性，多在晚上出来捕食浮游生物、水生昆虫、甲壳动物、水生高等植物碎屑和藻类等，有时亦摄取水底腐殖质或泥渣。鳅苗体长约 0.3cm，生长 1 个月可达约 3cm，2 个月可达约 5.5cm。当年的泥鳅可以长至 10cm，体重约 10g；第二年的生长速度较第一年慢得多，体长可达 13cm 以上，体重约 50g。泥鳅 2 冬龄即发育成熟，每年 4 月水温达 18℃开始繁殖，在水深不足 30cm 的浅水草丛中产卵，产出的卵粒黏附在水草或被水淹没的旱草上面。孵出的仔鱼常分散生活。

泥鳅

（十四）乌鳢

乌鳢喜在水草繁茂及有污泥的混浊水体中生活，常潜伏于水草多的浅水水底，对环境的适应能力很强，并可依靠鳃上器官呼吸，在无水的潮湿处也能生活一段时间。适宜乌鳢生长的温度是 15 ~ 30℃，水温降至 15℃以下时停止生长。水温接近 0℃时，就蛰伏于泥中停食不动。乌鳢属肉食性凶猛鱼类，幼鱼主要捕食浮游动物和小型水生昆虫；成鱼则以底层小杂鱼、青蛙为食。贪食，食量也大，当食物缺乏时，会自相残杀。生长速度较快，年龄不同，生长速度也不同。1 冬龄乌鳢体重 95 ~ 760g；2 冬龄体重 600 ~ 1400g；3 冬龄体重 1450 ~ 2050g。3 冬龄以上体重增长最快。一般 2 冬龄和体长 30cm 左右达到性成熟产卵，繁殖季节 5—7 月，以 6 月较为集中。繁殖水温为 18 ~ 30℃，最适水温为 20 ~ 25℃。雌雄亲鱼将产卵地点选择在沼泽、湖泊、小河岸边的水草丛中，或是长有芦草的浅水滩中。产卵前，雌雄亲鱼共同衔取水草或植物碎片构筑鱼巢。巢略呈环状，卵产于巢中。乌鳢亲鱼有着护幼的习性。

乌鳢

（十五）斑点叉尾鮰

斑点叉尾鮰原产于美国，是美国最主要的淡水养殖品种，对生态环境适应性较强。适温范围为 0 ~ 38℃，最适生长温度为 18 ~ 34℃。耐低氧、个体大、食性杂、生长快、产量高、易繁殖、易饲养、易捕捞、抗病力强、易加工，适合各地采用多种方式养殖。属底栖鱼类，胃较大，较贪食，有昼伏夜出、集群摄食习性，并喜弱光。体长小于 10cm 时，吞食、滤食方式并用；大于 10cm 时开始以吞食为主，兼滤食。在人工饲养条件下对投喂的配合饲料都能摄食，尤喜颗粒饲料，还摄食水体中的天然饵料，常见的有底栖生物、水生昆虫、浮游动物、轮虫、有机碎屑及大型藻类等。在池塘养殖条件下，第一年体长可达 18 ~ 19.5cm，第二年可达 26 ~ 32cm，第三年可达 35 ~ 45cm，第四年可达 45 ~ 57cm，第五年可达 57 ~ 63cm。第一次性成熟后其生长速度不会明显下降。性成熟年龄为 4 龄以上，人工饲养条件好的少数 3 龄鱼可达性成熟，性成熟鱼体重为 1kg 以上。斑点叉尾鮰产卵温度范围为 21 ~ 29℃，最适温度为 26℃，水温超过 30℃不利于受精卵的胚胎发育和鱼苗成活。长江流域斑点叉尾鮰的繁殖季节为 6—7 月。

斑点叉尾鮰

（十六）细鳞斜颌鲴

细鳞斜颌鲴为中下层鱼类，在产卵季节有短距离的生殖洄游。它不与现有养殖鱼类争食，以腐殖质、碎屑、腐泥及着生藻类为主要食物，是一种较能充分利用水体饵料资源的养殖品种。细鳞斜颌鲴在头两年生长较快，2龄鱼的平均体重可达479g。2龄以后体重增长就逐渐降低。通常2龄性成熟，体重400～500g。细鳞斜颌鲴没有固定的产卵场，自然繁殖要求的条件不高，只要有一定的流水刺激，即使流速在0.2m/s左右也可产卵。产卵期为5月至8月初，以5月中旬至6月初为产卵盛期，孵化的适宜水温为20～28℃，产黏性卵，呈浅黄色。分批产卵。

细鳞斜颌鲴

（十七）南方大口鲶

南方大口鲶生性凶猛，幼时喜集群，白天多隐居水底或潜伏于洞穴中，多在晚上猎食鱼虾及其他水生动物。属凶猛的肉食性鱼类，摄食对象多是鱼类，也吃水生昆虫和鼠类等，能捕食相当于自身长度1/3的鱼体。冬季减食或停食。在池塘养殖条件下，也吃配合颗粒饲料，要求饲料中粗蛋白质含量在40%左右，苗种阶段甚至应达45%以上，其中动物蛋白质应占30%。1～3龄的大口鲶生长速度最快，当年的鱼苗年底体重可达0.65kg；第二年最大个体体重可达2.25kg；第三年最大个体可达3.7kg。一年四季都能生长，但以夏、秋季长势最猛，日增重可达3～5g。4龄开始性成熟，在人工养殖条件下，可提前至3龄。产卵水温为18～28℃，最适产卵水温为22～25℃。卵为沉性卵，油黄色，扁球形，黏性不强。

南方大口鲶

（十八）大口黑鲈

大口黑鲈原产于加拿大和美国，主要栖息在水温较暖的湖泊与池塘浅水处，喜栖息于沙质或沙泥质且混浊度低的静水环境，尤其喜欢群栖于清澈的缓流水中。经人工养殖驯化，已能适应略肥沃的水质。在池塘中一般活动于中下水层，常藏身于植物丛中。水温 1～36℃时均能生存，10℃以上开始摄食。水中溶氧量要求在 4mg/L 以上，溶氧量低于 2mg/L 时，幼鱼出现浮头。大口黑鲈对盐度适应性较广，可以在淡水中生活。属以肉食为主的杂食性鱼类，刚孵出鱼苗的开口饵料为轮虫和无节幼体，稚鱼以食枝角类为主，幼鱼以食桡足类为主。体长 3.5cm 的幼鱼开始摄食小鱼，其掠食性强、摄食量大，水温在 25℃以上时，幼鱼摄食量可达本身体重的 50%，成鱼达 20%。在食物缺乏时，常出现自相残食现象。人工饲养时，可投喂切碎的小杂鱼作饲料；经驯化后，也可以投喂人工配合饲料。繁殖季节在 3—6 月，4 月中下旬为产卵盛期。生殖适宜温度为 18～26℃，最适温度为 20～24℃。性成熟年龄一般为 1 龄，但以 2 龄、3 龄个体的繁殖效果较好。雄鱼用尾挖坑，筑建巢穴后，引诱雌鱼入巢进行产卵。雌鱼产卵后，即被雄鱼驱赶，由雄鱼负责守护受精卵孵化。体重

大口黑鲈

1kg 的雌鱼怀卵量为 4 万 ～ 10 万粒，1 年内可多次产卵。卵具黏性，但黏着力较弱。脱黏卵为沉性，卵径 1.22 ～ 1.45mm。水温在 22 ～ 26℃时，孵化时间为 31 ～ 33 小时。

四 主要养殖甲壳类

（一）中华绒螯蟹

中华绒螯蟹俗称河蟹、毛蟹。分 5 个发育阶段，即胚胎、蚤状幼体、大眼幼体、幼蟹和成蟹。进入大眼体后（俗称蟹苗、豆蟹），由原来的浮游活动过渡到既能游泳、又能爬行和登陆离开水环境，并逐渐由海水环境向淡水环境洄游，由游泳生活向底栖或穴居生活转变。在野生状态下，喜欢栖息在江河、

中华绒螯蟹

湖泊的泥岸或滩涂的洞穴中，或隐匿在石砾和草丛中。河蟹为杂食性，偏爱动物性食物，如鱼、虾、螺、蚌、水生昆虫等，对动物腐尸尤感兴趣。因获得植物性食物比动物性食物更容易，天然水域中河蟹胃中的食物主要为植物性，多为水生维管束植物或周丛植物。河蟹是一种昼伏夜出的动物，一般白天藏匿洞穴、石砾缝隙或水草丛中，夜间出来觅食。河蟹在陆地上很少摄食，往往将食物拖至水下或洞边摄食。河蟹较贪食，在食物丰盛的夏季，1 只蟹可连续捕食数只螺类，饱食后即回隐蔽处。河蟹的一生均伴随着脱皮或脱壳，从卵粒孵出蟹苗，为蚤状幼体，经 5 次脱皮后变成大眼幼体。大眼幼体脱皮 1 次成幼蟹。幼蟹经 10 ～ 12 次脱壳，成为成蟹。河蟹每蜕一次壳，身体增大约 20%，体重增加约 1 倍。河蟹是一种咸水里生、淡水中长的洄游性水生动物，雌雄异体，每到秋末冬初，达到性成熟的河蟹便进行生殖洄游，一般白天隐于水边洞穴之中，夜间则成群结队朝入海口爬行。在入海口的咸淡水交界处交配、产卵。交配后的雄蟹随即死亡。雌蟹不久便有卵产出，其产出的卵粒黏附在腹部的附肢

上，称为抱卵蟹。河蟹的繁殖力强，一般每只雌蟹抱卵数万粒至四五十万粒，这也是保存其种族延续的一种适应结果。河蟹大多为2龄性成熟。河蟹幼体发育期分为蚤状幼体、大眼幼体两个阶段。大眼幼体经过淡化过程，已能适应淡水生活，此时即可放入扣蟹培育池中养殖。河蟹的寿命短，只能活2～3年。一生只繁殖1次，繁殖过后即死亡。

（二）克氏原螯虾

克氏原螯虾俗称小龙虾，原产于中南美洲，以及墨西哥东北部地区。喜阴怕光，营底栖生活。杂食性，食物包括水葫芦、水浮莲等水生植物，昆虫、蚯蚓、螺、蚌等动物性饵料，人工投喂的各种动植物饵料及人工配合料。摄食能力很强，且有贪食、争食的习性，饵料不足或群体过大时，会发生相互残杀的情况，尤其

克氏原螯虾

会出现硬壳虾残食软壳虾的现象。生长速度较快，春季繁殖的虾苗经2～3个月的饲养，可达到商品虾规格。小龙虾在生长过程中有青壳虾和红壳虾两种形态，青壳虾是当年生的新虾，一般出现在上半年，池水深、水温低的水体中较多，经过夏季后大部分为红壳虾。小龙虾蜕壳与水温、营养及个体发育阶段密切相关，幼虾3～5天蜕壳一次，以后逐步延长蜕壳间隔至约30天，如果水温高、食物充足，则蜕壳间隔时间短。1冬龄性成熟，产卵有2个高峰期，分别为5月、9—10月。水温22～25℃时，胚胎发育的时间为25～33天。自然水域中的小龙虾多在洞穴中产卵，刚产出的虾卵呈淡黄色，直径1.5～2.5 mm，随着胚胎发育的进展，受精卵逐渐呈棕褐色，未受精的卵逐渐变为混浊的白色，脱离虾体死亡。小龙虾每次可产卵300～500粒，最多可达1500粒以上。胚胎发育时间较长，水温为8～20℃时，需30～40天，水温过低时孵化期可达2个月，其幼体发育期大多在受精卵中度过。刚孵出的仔虾即近似成虾，但体色较淡，呈橘黄色。亲虾有护幼习性，仔虾一般在母虾的周围活动，一旦受到惊

吓会立即重新附集到母体的游泳足上躲避危险。蜕壳 3 次后，幼虾离开母体独立生活。

（三）南美白对虾

南美白对虾原产于南美太平洋沿岸的水域。适应能力强，能在盐度 0.5‰ ~ 35‰ 的水域中生长。体长 2 ~ 7cm 的幼虾对盐度的允许范围为 2‰ ~ 78‰。生长水温为 15 ~ 38℃，最适生长水温为 22 ~ 35℃。对高温忍受极限为 43.5℃；对低温适应能力较差，水温低于 18℃，其摄食活动受到影响，9℃ 以下时侧卧水底。要求水质清新，溶氧量在 5mg/L 以上，能忍受的最低溶氧量为 1.2mg/L。离水存活时间长，可以长途运输。适应的 pH 值为 7 ~ 8.5，要求氨氮含量较低。南美白对虾为杂食性，对动物性饵料的需求并不十分严格，只要饵料成分中蛋白质的比率占 20% 以上，即可正常生长。最低饵料系数为 0.8，多数为 1.1 ~ 1.3，高者为 1.5，这可能与其活动量少，摄取的营养用于生长的比例高有关。南美白对虾生长快、个体大，个体体重可达 60 ~ 80g。在合理密度和饲料充足的条件下，水温 25 ~ 35℃ 时，幼虾经 60 天左右饲养，即可养成体长 10 ~ 12cm、重 10 ~ 15g 的商品虾，90 天左右体重可达约 25g。南美白对虾在池塘养殖条件下，卵巢不易成熟。但在自然海域中，头胸甲长度达到 4cm 左右时，便有怀卵个体出现。一般雌体成熟需要 12 周以上。南美白对虾的繁殖需在海水中进行。

南美白对虾

五 主要养殖爬行类

（一）中华鳖

中华鳖喜居水质洁净、底泥较多的河流、湖泊和水塘中，用肺呼吸，喜阳和喜静，有晒背习惯。昼伏夜出，晚上觅食，黎明回到穴中。中华鳖为变温动物，具冬眠习性，当水温降到20℃以下时食欲下降，低于15℃时停食，潜入水底泥沙中准备冬眠，活动呆滞，10～12℃进入冬眠状态，伏于水底泥中不食不动，头部靠近泥面，嘴尖与水连通，利用咽喉部的鳃状组织吸收水中的氧，维持微弱的生命活动。冬眠期比较长，其间体重减少10%～15%。水温超过33℃时，生长也受到影响。

中华鳖

中华鳖是杂食性动物，食物包括鱼、虾、螺、蚌、水生昆虫、蚯蚓、动物内脏、蔬菜、水草、瓜果等。耐饥饿能力强，可长时间不进食而不死亡，但会因此而停止生长，并逐渐消瘦。性贪吃，食物不足时会互相残食。中华鳖是两栖类的变温动物，对温度变化敏感，水温升高时摄食强度增大，30℃时摄食量最大，32℃以上摄食量反而下降。适合鳖生长的水温范围为20～33℃，最适温度为25～30℃。

中华鳖在长江流域生长期只有6～8个月，生长速度缓慢，由稚鳖长成500g的成鳖需3年时间；雌、雄之间的生长速度也有较大的差异，100～300g时，雌性快于雄性；300～400g时，雌、雄生长速度接近；400～500g时雄性生长速度稍快于雌性；500～700g时，雄性生长速度比雌性几乎快一倍。用人工增温的方法解除冬眠阶段，使其全年生长，可大大缩短养殖周期，一般饲养十几个月即可达到商品鳖规格。

在自然条件下生长，中华鳖 3 ~ 5 龄达到性成熟。水温 20℃以上才能交配产卵。但是可以一次交配，多次产卵，产卵期为 5—8 月，6—7 月为产卵高峰期。中华鳖多在安静的下半夜掘洞产卵，产后用沙土掩埋，因此一定要在池塘四周设置土质松软易挖的产卵场所。一般情况下，第一次产卵最早在 5 月中旬，最迟在 6 月上旬，产卵终止时间均在立秋前后几天，而盛产期则在芒种到大暑之间。一只雌鳖每年可产卵 30 ~ 50 枚，每批的产卵数少则 2 ~ 7 枚，多则 40 枚，平均为 15 ~ 20 枚。雌鳖的大小不仅影响产卵数量，也会影响卵的质量。大鳖产的卵多，卵的个体也大，且大小均匀。

（二）乌龟

乌龟喜栖于湖、河、沟、池沼间的草丛中。性温驯、胆小，喜温、喜水、耐干燥。夜间活动频繁，日间喜藏在水底的泥穴中，也喜栖于湿润的泥土和陆地的树穴中，常选择在石缝以及土质软硬适中的斜坡上打洞。气温 20 ~ 35℃时，活动旺盛；高于 35℃时，食欲减退，进入夏眠阶段。气温在 15℃以下时，潜入池底淤泥中或静卧于覆盖有稻草的松土中，不食不动，开始冬眠。

乌龟属杂食性动物，耐饥饿性很强，数月不食也不会饿死。摄食范围广，包括鱼、虾、螺、蚌、昆虫幼虫、浮游生物、动物尸体、内脏、蚯蚓、植物茎叶、瓜果皮及米、麦等。人工饲养时，可投喂豆饼、米饭、面条、瓜类、动物内脏等饲料。

一般情况下，当年出壳的稚龟体重 3 ~ 5g；1 龄龟的体重约 10g；2 龄龟的体重约 100g；3 龄龟的体重 200 ~ 400g；4 龄龟的体重 320 ~ 500g。在相同条件下，同龄雄龟较雌龟体重小。

5 月中旬至 8 月下旬为乌龟生殖季节。乌龟于水温 20 ~ 25℃时开

乌龟

始交配，交配时间多在晴天傍晚5—6时，有时也在上午8—9时。雌龟分批产卵，产卵期各有不同。平原水域地带，一般5月中、下旬开始产卵，7—8月是产卵高峰期，9月产卵结束。雌龟一年可产卵3～4批，每批一穴，每穴5～9枚。在人工饲养时，乌龟往往有集群产卵的习性，有时能有几只雌龟在同一穴中产卵几十枚。乌龟产卵后，都要将穴盖好，用腹板将穴压实，并将四周土扒平才下水。

养殖水体调控

养殖水体的生态环境包括水体的物理、化学、生物和底质等环境，只有了解各种养殖水体的生态环境变化规律及彼此之间的关系，了解养殖水产品对水环境的要求，才能调节和控制养殖水环境，使之符合水产品生长的要求，实行健康养殖，防范病害发生，提高水产品产量。

一 水色

在精养鱼池中，以浮游生物（特别是浮游植物）占绝对优势，各类浮游生物细胞内含有不同的色素，所以当池塘中浮游生物的种类和数量不同时，池水就呈现不同的颜色和浓度。浮游生物既是滤食性鱼类的直接饵料，也是池水溶氧的主要生产者，因此，其种类组成和变化便成了水塘水质因子（物理、化学和生物）的综合反映，由此也形成了"根据水色来判断水质优劣"的经验，即一种浮游生物大量繁殖，形成优势种，甚至产生"水华"，就反映了该优势种所要求的生态类型，反映了这个生态类型中水的物理、化学和生物特点以及对鱼类生活、生长的影响。

在生产上可采取指标生物和看水色相结合的方法来判断水质的优劣，具体可从四个方面去衡量。

1. 看水色

池塘水色可分为两类：一类是以黄褐色的水为主（包括姜黄、茶褐、红褐、褐中带绿等）；另一类是以绿色水为主（包括黄绿、油绿、蓝绿、墨绿、绿中带褐等）。这两类水均为肥水型水质。

（1）茶褐色水：这是养鱼的理想水色。池水浮游植物以单细胞硅藻、隐藻为主，各种生物的组成比较均衡，而且生长旺盛、繁殖迅速，所以天然饵料的质量与数量都好；另外，由于溶氧含量高，生物的代谢废物少，适合鱼类快速健康生长，有利于提高鱼产量。

（2）黄绿色水：这是养鱼的第二种理想水色。池水浮游植物以单细胞硅藻为主，绿藻次之。形成优势种时，水体 pH 值适宜，氨态氮和亚硝酸盐含量较低，浮游动物只有少量的枝角类、无节幼体、纤毛虫和轮虫，水质清爽，池角不产生浮膜，适合鱼类生长。

（3）淡绿色水：这是养鱼的第三种理想水色。池水浮游植物以单细胞绿藻、裸藻为主，水体透明度适宜，水质清爽，各种理化指标均正常，池面没有浮膜，可为鱼类提供较好的生态环境。

（4）蓝绿色水：这是养鱼中应尽量避免出现的水色。池水浮游植物中大量的多细胞蓝藻繁殖形成绝对优势种，而且密度较大，水质浑浊，水体透明度较低。池塘下风处水表层常聚集有大量的颜色相同的悬浮泡沫。这种水对养鱼不利。

（5）红色水：这也是养鱼中应尽量避免出现的水色。池水浓淡分布不匀，水中以枝角类大量繁殖的浮游动物为主，浮游植物量很少，溶氧含量很低，水体一般较瘦，严重时水面颜色泛红，水体 pH 值偏低，亚硝酸盐含量偏高。这种水色对养鱼生产极为不利。

（6）灰色水：这亦是养鱼中应尽量避免出现的水色。这种水色在温暖季节出现表明水质已恶化，大量的浮游生物刚刚死掉，应及时换掉肥水，尽快采取措施改善水质环境。

蓝藻水华　　　　　　　　　　　　水色浑浊

水色呈微红色　　　　　　　　　　　　　　水色发黑

2. 看水华

水华是水域物理、化学和生物特性的综合反映（表 1-1）。

表 1-1　池塘常见水华的指标生物和水质优劣判别

水色	日变化	水华形态	优势种	出现季节	水质优劣
红褐	显著	蓝绿色云彩状水华	蓝绿裸甲藻	5—11月，7—8月少见	高产池典型水质
		草绿色云彩状水华	滕口藻	5—11月，7—8月多见	
		棕黄色云彩状水华	光甲藻	5—11月，7—8月少见	
		酱红色云彩状水华	隐藻	4—11月	
红褐	有	翠绿色云彩状水华	实球藻	春、秋	肥水，一般
黄褐	有	姜黄色水华	小环藻	春、秋	肥水，良好
黄褐	不大	红褐色丝状水华	角甲藻	春	水质较瘦
浓绿	有	表层具墨绿色油膜，黏性发泡	衣藻	春	肥水，良好
浓绿	有	碧绿色水华，下风处表层具墨绿色油膜	眼虫藻	夏	肥水，一般
油绿	有	下风处表层具红褐色或烟灰色油膜，具黏性	壳虫藻	5—11月	肥水，一般
油绿	不大	无水华，无油膜	绿球藻目	5—11月	老水
铜绿	不大	表层具铜绿色絮状水华，颗粒小、无黏性	微囊藻，颤藻	夏、秋	"湖淀水"，差，鱼类不消化

续表

水色	日变化	水华形态	优势种	出现季节	水质优劣
豆绿	不大	表层具铜绿色絮状水华，颗粒大、无黏性	螺旋鱼腥藻	夏、秋	肥水，良好，鱼类易消化
浅绿	无	表层具铁锈色油膜，具黏性	血红眼虫藻	夏、秋	"铁锈水"，水质较瘦
灰白	无	无	轮虫类	春	"白沙水"，良好

3. 看下风处油膜

一些藻类不易形成水华，或受天气、风力影响，水华不易观察，可根据下风处油膜多少、油膜颜色和性状来判断水质优劣。一般肥水池下风处油膜多，黏性发泡，有日变化（上午少、下午多），呈烟灰色或淡褐色，午后往往带绿色，俗称"早红夜绿"。油膜中除包含大量有机碎屑外，主要的指标生物是壳虫藻（年幼藻体呈绿色，老化藻体呈褐色或黑色）。如遇铁锈色油膜（血红眼虫藻）、粉绿色油膜（扁裸藻）等均为瘦水型水质。

4. 看水色变化

优良的水质有月变化（10 ~ 15 天水质浓淡交替）和日变化（上午水色淡、下午水色浓，上风处水色淡、下风处水色浓），表示水中趋光性的藻类大量繁殖。这些藻类大多数都有运动胞器（如鞭毛、壳缝等），能主动行动。因此，它们的昼夜垂直变化比不能主动行动的藻类（如绿球藻、十字藻、栅列藻等）明显得多，反应在水色上就形成日变化。趋光性藻类易被滤食性鱼类消化，因此"寿命"比不易消化的藻类短很多。它们的生物量似波浪式运动，反应在水色上就出现月变化，表示池塘物质循环迅速，鱼类容易消化的藻类种群交替快，水质好。这种水俗称"活水"。

根据养殖鱼类对水质的要求和水的理化、生物特点，生产上可将水质分为瘦水、肥水、老水和优质水华水等 4 个类型（表 1-2）。

表 1-2　池塘常见水质类型

判断指标		水质类别			
		瘦水	肥水	老水	优质水华水
水色		浅绿色	黄褐色	灰蓝色	红褐色水中具蓝绿色或酱红色水华
透明度		无	大	小	最大
日变化深度（cm）		＞80	25～40	20～25	20～40
溶氧（mg/L）		接近饱和	低峰值＞2	低峰值约1	低峰值约1
正常天气昼夜垂直变化		不明显	明显	明显	十分显著
有机耗氧量（mg/L）		＜10	15～30	25～40	25～55
浮游生物量（mg/L）		＜8	32～130	80～240	130～400
优势种	浮游动物	种类多，数量少	臂尾轮虫、晶囊轮虫	种类、数量均少	种类、数量均少
	浮游植物	水绵、刚毛藻等丝状藻类	隐藻、小环藻、绿球藻等	微囊藻、颤藻、绿球藻、十字藻等	蓝绿裸甲藻、膝口藻、隐藻等

二　水温

水温不仅会直接影响鱼类生长和生存，还会通过对其他环境条件的改变而间接对鱼类发生作用。几乎所有的环境因子都受水温的制约。

1. 水温变化的特点

养殖水体的温度随气温的变化而变化。因此水温具有明显的季节和昼夜差异，但水温的变化和气温的变化不尽相同。池塘水体白天平均水温一般低于平均气温，夜间则高于气温；一昼夜的平均温度，水温高于气温。一般 14∶00—15∶00 水温最高，早上日出前水温最低。

2. 水温对养殖鱼类的影响

水温直接影响鱼类的新陈代谢强度，从而影响鱼类的摄食和生长。各种鱼类均有其适宜的温度范围。在适温范围内，随着水温的升高，鱼类的代谢相应加强，摄食量增加，生长也加快。水温的高低也影响水的溶氧量，水中氧气的

溶解度随水温的升高而降低。但在夏季高温时期应特别注意，水温上升，水生生物的新陈代谢增强，呼吸加快，有机物的耗氧量明显增高，在池塘等小水体就容易产生缺氧现象。

三　水体运动

池塘是静水环境，其水体运动主要是风力和上下层因密度差引起的对流。池水对流将溶氧较高的上层水输送至下层，使下层水的溶氧得到补充，改善了下层水的氧气条件，同时也加速了下层水和塘泥中的有机物氧化分解，以加速池塘物质循环强度，提高池塘生产力。

但白天上层池水不易对流，上层过饱和的高氧水无法及时输送到下层，到傍晚上层水中大量过饱和的溶氧逸出水面而浪费。至夜间发生对流时，上层水中溶氧本已大量减少，此时还要将上层溶氧输送至下层，由于下层水的耗氧因子多，致使夜间实际耗氧量增加，溶氧很快下降，从而加速整个池塘溶氧消耗速度，易造成池塘缺氧，引起鱼类浮头。

在夏季晴天，生产上主要发生以下四种情况。

（1）白天晴天、风力小，但上半夜风力增强，气温下降速度快，容易引起鱼类浮头。

（2）白天晴天、风力小，夜间风力仍小，气温下降速度慢，不会引起浮头。

（3）白天晴天、风力小，到夜间天气闷热，无风，气温下降速度极为缓慢，这种情况在沿海海洋性气候的地区偶有发生，容易引起浮头。

（4）白天晴天，傍晚下雷阵雨，容易引起鱼类严重浮头。

四　溶氧

1. 池塘溶氧的补给与消耗

通常，晴天池水中浮游植物光合作用产氧量约占一昼夜溶氧总收入的90%左右。池塘溶氧的消耗主要是水中浮游生物的呼吸作用和水中有机物的氧化分解，俗称"水呼吸"，这部分耗氧占一昼夜溶氧总支出的70%以上（表1-3）。

表 1-3 精养鱼池溶氧的收入和支出

收入			支出		
来源	浓度 （g/m²·d）	占比 （%）	消耗	浓度 （g/m²·d）	占比 （%）
浮游植物 光合作用	16.75	90.3	"水呼吸"	13.53（夜间5.28）	72.9
大气溶入	1.8	9.7	鱼类耗氧、 逸出、塘泥	2.99 1.93 0.10	16.1 10.4 0.6
总计	18.55	100	总计	18.55	100

2. 池塘溶氧量的变化规律

（1）水平变化。白天下风处溶氧量高于上风处，风力越大，上、下风处溶氧差距越大。夜间与白天相反，上风处溶氧量大于下风处。

（2）垂直变化。白天上层溶氧高，甚至超饱和，下层溶氧低。夜间垂直变化不显著。

（3）昼夜变化。白天产氧量多，夜间溶氧下降，至黎明前下降到最低。天气晴朗、浮游植物越多，溶氧昼夜差异越大。

（4）季节变化。夏秋季节水温高，浮游生物和微生物新陈代谢强，生长繁殖快，水质肥，耗氧因子也多，溶氧的水平、垂直和昼夜变化十分显著。冬、春季节水温低，产生相反结果。

3. 溶氧量对鱼类的影响

氧气是鱼类赖以生存的首要条件，溶氧量的多少直接影响鱼类摄食饵料的利用率和鱼类生长速度。缺氧时，鱼类烦躁不安，呼吸加快，大多集中在表层水中活动；缺氧严重时，鱼类大量浮头，游泳无力，甚至窒息而死。溶氧量在 5mg/L 以上时，鱼类摄食正常；溶氧量降为 4mg/L 时，鱼类摄食量下降13%；而当降至 2mg/L 时，鱼类摄食量下降 54%，有些种类已难以生存；若降至 1mg/L 以下时，鱼类停止吃食，大部分鱼不能生存。

当溶氧不足时，氨氮和硫化氢则难以分解转化，极易达到危害鱼类健康生长的程度。池中溶氧量充足则可以改善鱼类栖息的生活环境，降低氨氮、亚硝酸态氮、硫化氢等有毒物质的浓度。

当池水中溶氧量饱和度达 150% 以上，溶氧量达 14.4mg/L 以上时，易引起鱼类气泡病，特别是在苗种培育阶段。

4. 调控措施

（1）每年冬、春季及时清除池底淤泥。

（2）放养密度要合理，避免追求高密度养殖引起的长期缺氧。

（3）制订合理的投饲计划，减少残剩饲料等有机物质的有机耗氧量。

（4）适时施肥，促进浮游植物生长，增加溶氧水平。

（5）采用微生态制剂，增加水体溶氧。

（6）水体溶氧过饱和时，可采用撒粗盐、换水等方式降低溶氧。

（7）合理使用增氧机。在晴天的中午开动增氧机，搅动水体，将水体上层的过饱和氧输送到下层。

五　氨氮

水中的氨氮以铵离子及分子氨（非离子氨，NH_3）的形式存在，其中，非离子氨对鱼类有很大毒性。

1. 来源

氨氮的主要来源是沉入池底的饲料肥料、鱼类排遗物和动植物尸体的腐烂分解。

2. 非离子氨对鱼类的毒害作用

当非离子氨通过鳃、皮肤进入鱼体后，会增加鱼体的排氨负担，使鱼血 pH 值升高，影响鱼体内多种酶的活性，造成机体代谢功能失常或组织机能损伤，表现为行动迟缓、呼吸减弱、丧失平衡能力、食欲减退，甚至引起充血，呈现与出血性败血症相似的症状。非离子氨浓度应小于 0.02mg/L。当非离子氨达到 0.05 ~ 0.2mg/L 时，鱼的生长速度将会下降；达到 0.2 ~ 0.5mg/L 时，鱼类有轻度中毒现象，容易发病；若超过 0.5mg/L，极易导致鱼类中毒、发病，甚至大批死亡。

3. 调控措施

氨氮在微生物作用下，通过硝化及反硝化作用转化为硝酸态氮或氮气。硝酸态氮对鱼类没有毒性，而且是水生植物的营养元素。氮气可逸散到大气中，对鱼类没有危害。

（1）使用增氧机。根据不同天气状况，在不同时间开增氧机 1 ~ 2 小时，不仅可增加鱼池的溶氧量，又可降低氨氮和硫化氢等有毒气体含量。

（2）换水。排放底层 20 ~ 30cm 的水，并注入新水。

（3）使用增氧剂。泼洒过氧化氢、过氧化钙等。

（4）使用氧化剂。全池泼洒次氯酸钠，使池水浓度达到 0.3 ~ 0.5mg/L；或全池泼洒 5% 二氧化氯，使池水浓度达到 5 ~ 10mg/L。

（5）撒沸石或活性炭。一般每亩使用沸石 15 ~ 20kg 或活性炭 2 ~ 3kg，可吸附部分氨氮。

（6）使用微生态制剂。

（7）较大面积的（50 亩以上）鱼池可种植水生植物，如水葫芦、水花生等；有条件的地方，可设置生物浮床，以吸附氨氮等有毒物质。种植面积可占全池面积的 1%。

六 亚硝酸态氮（NO_2-N）

1. 来源

亚硝酸态氮是水中有机物分解的中间产物，极不稳定。氧气充足时，它可在微生物作用下转化为对鱼毒性较低的硝酸盐，但在缺氧时可转化为毒性强的氨氮。温度对水体中的硝化作用有较大影响，温度较低时，硝化作用减弱，氨氮转化为亚硝酸态氮的数量较少。

2. 对鱼类的毒害作用

亚硝酸态氮能与鱼血红素结合成高铁血红素，使之失去载氧能力，从而造成鱼类缺氧死亡。一般情况下，亚硝酸盐含量（以氮计）低于 0.1mg/L 时，不会造成损害；达到 0.1 ~ 0.5mg/L 时，鱼类摄食量降低，鳃呈暗紫红色，呼吸困难，游动缓慢，骚动不安；高于 0.5mg/L 时，鱼类游泳无力，鱼体柔软，某些器官功能衰竭；超过2.5mg/L时，鱼体会出现中毒症状，严重时可导致鱼类死亡。

3.调控措施

（1）开增氧机，增加水体溶氧量，减少亚硝酸盐的形成量。

（2）全池撒施强还原制剂，如硫代硫酸钠、水鲜等。

（3）全池撒施过氧化物颗粒消毒剂，如过硫酸氢钾片、高铁酸钾颗粒剂等。

（4）全池撒施芽孢杆菌或硝化菌促进氮循环，并通过反硝化作用使亚硝酸氮转化为分子态氮释放于空气中。

（5）适时换水。

七 硫化氢（H_2S）

硫化氢有臭蛋味，具刺激、麻醉作用。硫化氢在有氧条件下很不稳定，可通过化学或微生物作用转化为硫酸盐。

1.来源

在缺氧条件下，含硫的有机物经厌氧细菌分解产生硫化氢。在富硫酸盐的池水中，经硫酸还原细菌的作用，硫酸盐变成硫化物，在缺氧条件下进一步生成硫化氢。

2.硫化氢对鱼类的毒害作用

水体中的硫化氢通过鱼鳃表面和皮肤黏膜可很快被吸收而形成硫化钠，并还可与氧化酶中的铁相结合，使血红素量减少，影响鱼类呼吸。

水体中的硫化氢对鱼类的毒性较强，且毒性随浓度的增加而增加。硫化氢含量达0.1mg/L就可影响幼鱼的生存和生长，当达到6.3mg/L时可使鲤鱼全部死亡。中毒鱼类的主要症状为鳃呈紫红色，鳃盖、胸鳍张开，鱼体失去光泽，漂浮在水面上。我国渔业水质标准规定硫化物的浓度（以硫计）不超过0.2mg/L。某些特种鱼类或苗种养殖中，硫化物的浓度应在0.1mg/L以下。

3. 调控措施

（1）提高溶氧量。

（2）栽种水生植物。

（3）使用微生态制剂。

八 pH值（酸碱度）

pH 值是水质的重要指标。pH 值等于 7 时水体呈中性，小于 7 时水体呈酸性，大于 7 时水体呈碱性。淡水鱼类适合弱碱性环境，即 pH 值 7.5 ~ 8.5 的水体。

1. 养殖水体 pH 值过低

水体 pH 值低于 6.5 时，鱼类血液的 pH 值下降，血红蛋白载氧功能发生障碍，造成自身患生理缺氧症，导致鱼体组织缺氧。因此，尽管此时水中溶氧量正常，鱼类仍会出现浮头现象。鱼的耗氧降低，新陈代谢就会减弱，免疫功能就会下降。尽管食物很丰富，鱼类仍处于饥饿和厌食状态。水体 pH 值 5 ~ 6.5 时会引起卵甲藻鱼病（打粉病）的发生。pH 值低于 4.4，鱼类死亡率可达 7% ~ 20%，低于 4 则全部死亡。

pH 值过低时，水体中的 S^{2-}、CN^-、HCO_3^- 等会转变为毒性很强的 H_2S、HCN 和 CO_2。pH 值低于 6 时，水中 90% 以上的硫化物以 H_2S 的形式存在，增大了硫化物的毒性。

2. 养殖水体 pH 值过高

水体 pH 值过高会腐蚀鱼的鳃部组织，使鱼失去呼吸能力而大批死亡。强碱性水体会使孵化中的鱼卵卵膜早溶，引起胚胎过早出膜而大批死亡，还会使造成鱼类中毒死亡的小三毛金藻大量生长繁殖。此外，强碱性的水体还会影响微生物的活性进而影响微生物对有机物的降解。

pH 值高于 8 时，水中的 NH_4^+ 会转化为有毒的 NH_3。pH 值高于 10.4 时，鱼类死亡率可达 20% ~ 89%；高于 10.6 时，可引起全部死亡。

3. 调控措施

（1）水体 pH 值过低时应采取以下措施：①清塘。pH 值过低的水体，在清塘时撒生石灰，以提高水体的 pH 值，每亩水面平均 1m 水深用生石灰

100 ～ 150kg。②定期泼洒生石灰水。对于水体呈酸性的鱼池，要定期泼洒生石灰水，每次每亩水面用量 10 ～ 20kg。

（2）水体 pH 值过高时应采取以下措施：①清塘。对于水体 pH 值较高的鱼池，清塘时可应用漂白粉以降低水体的 pH 值，每亩水面 3m 水深用漂白粉 10 ～ 13.5kg。②加注新水。

第四节 病害防控

一 病因

水生动物疾病发生的原因，主要可归纳为五大类。

1. 病原的侵害

病原即致病的生物，包括病毒、细菌、真菌等微生物和寄生原生动物、单殖吸虫、复殖吸虫、绦虫、线虫、棘头虫、寄生蛭类和寄生甲壳类等寄生虫。

2. 非正常的环境因素

养殖水域的温度、盐度、溶氧量、酸碱度、光照等理化因素的变动或污染物质等，超越了水生动物所能忍受的临界限度。

3. 营养不良

投喂的饲料数量或饲料中所含的营养成分不能满足水生动物维持生活的最低需要时，水生动物往往生长缓慢或停止，身体瘦弱，抗病力降低，严重时就会出现明显症状甚至死亡。营养成分中容易发生问题的是缺乏维生素、矿物质和氨基酸。腐败变质的饲料也是致病的重要因素。

4. 先天或遗传的缺陷

如某种畸形。

5. 机械损伤

在捕捞、运输和饲养管理过程中，由于工具不适宜或操作不小心，使水生动物身体受摩擦或碰撞而受伤，受伤处组织损伤、机能丧失，或体液流失、渗透压紊乱，引起各种生理障碍以致死亡。此外，伤口亦是各种病原微生物侵入的途径。

二 危害

1. 夺取营养

有些病原以宿主体内已消化的营养物质为食,有些寄生虫则直接吸食宿主的血液,还有一些寄生物以渗透方式吸取宿主器官或组织内的营养物质。无论是以哪种方式夺取营养,都会使宿主营养不良,抵抗力降低,生长发育迟缓或停止。

2. 机械损伤

有些寄生虫(如蠕虫类)利用吸盘、钩子、夹子等固着器官损伤宿主组织,有些寄生虫(如甲壳类)可用口器刺破或撕裂宿主的皮肤或鳃组织,引起宿主出现组织发炎、充血、溃疡或细胞增生等病理症状。有些个体较大的寄生虫,在寄生数量很多时,能使宿主器官腔发生阻塞,引起器官变形、萎缩和功能丧失。有些体内寄生虫在寄生过程中,能在宿主的组织或血管中移行,使组织损伤或血管阻塞。

3. 分泌有害物质

有些寄生虫(如某些单殖吸虫)能分泌蛋白分解酶溶解口部周围的宿主组织,以便摄食其细胞。有些寄生虫(如蛭类)的分泌物会阻止伤口血液凝固,以便吸食宿主血液。有些病原(包括微生物和寄生虫)会分泌毒素,使宿主受到各种毒害。

三 预防

(一)改善和优化养殖环境

1. 合理放养

包括放养的某一种类密度要合理,混养的不同种类的搭配要合理。

2. 科学用水和管水,保证充足的溶氧量

溶氧充足时,微生物可将一些代谢物转化为危害很小或无害的物质;反之,当溶氧含量低时,可引起物质从氧化状态转化到还原状态,如氨氮、硫化氢等,从而导致环境污染,引起水生动物中毒或削弱其抵抗力。保持养殖水体

中溶氧量在 5 mg/L 以上，不仅是预防水生动物病害（如浮头、泛池）的需要，同时也是保护养殖环境的需要。

3. 不滥用药物

药物具有防病治病的作用，但有些药物，如抗生素，如果经常使用就可能使病原菌产生抗药性，且会污染环境。因此，应在正确诊断的基础上对症下药，并按规定的剂量和疗程，选用疗效好、毒副作用小的药物。药物和毒物没有严格界限，只有量的差别。用药量过大，超过安全浓度，就可能导致水生动物中毒甚至死亡；有的还会污染环境，使生态平衡失调。

4. 适时适量使用水环境保护剂

能够改善和优化养殖水环境，并且可促进水生动物正常生长和发育的一些物质，称为水环境保护剂。常见的水环境保护剂包括生石灰、沸石、过氧化钙、光合细菌等。适时适量使用水环境保护剂，可净化水质，防治底质酸化和水体富营养化；抑制氨氮、硫化氢等，并使其氧化为无害物质；补充氧气，增强水生动物的摄食能力；补充钙元素，促进水生动物生长，增强对疾病的抵抗能力；抑制有害细菌繁殖，减少疾病感染等。

（二）增强养殖群体抗病力

1. 培育和放养健壮苗种

苗种生产期应重点做好：选用经检疫不带传染性病原的亲本。亲本投入产卵池前，用 100 mg/L 福尔马林或 10 mg/L 高锰酸钾浸洗 5 ~ 10 分钟，杀灭可能携带的病原。受精卵移入孵化培育池前，用 50 mg/L 聚维酮碘（含有效碘 10%）浸洗 10 ~ 15 分钟（鱼卵）或 0.5 ~ 1 分钟（对虾卵）。育苗用水使用沉淀、过滤或经消毒后解毒的水。切忌高温育苗和滥用抗生素培苗保苗，未经正确诊断不投药物。如投喂动物性饵料，应先检测和消毒，并保证鲜活，不投喂变质腐败的饵料。

2. 免疫接种

免疫接种是避免水生动物发生暴发性流行病最为有效的方法。

3. 选育抗病力强的养殖种类

水生动物抗病能力视个体或种类不同有很大差异。挑选和培育抗病力强的养殖品种，是预防疾病的途径之一。

4. 降低应激反应

在养殖过程或养殖系统中，创造条件降低应激反应，是维护和提高水生动物抗病力的措施。

5. 加强日常管理，谨慎操作

定期巡视养殖水体，最好每天早晚各一次，观察水体（池塘、网箱及其周围）的水色和水生动物摄食、活动情况，以便及时采取措施加以改善。对池塘或网箱进行定期清除残饵、粪便及动物尸体等清洁管理，勤除杂草，以免病原生物繁殖和传播。平日管理操作应细心、谨慎，避免水生动物受伤。流行病季节和高温时期，尽量不要惊扰水生动物。

6. 投喂优质的适口饵料

根据不同养殖对象及其发育阶段，科学地选用多种饵料原料，合理调配、精细加工，保证水生动物吃到适口、营养全面的饲料，不仅可以维持水生动物生长，还可以提高水生动物的体质和抗病性。

（三）控制和消灭病原体

1. 使用无病原污染的水源

优良的水源应充足、清洁、不带病原生物以及无人为污染等，水的物理和化学特性应适合水生动物的生活需求。

2. 池塘彻底清淤消毒

池塘环境清洁与否，直接影响水生动物的生长和健康。清淤后每亩用 100 ~ 120 kg 生石灰或 20 ~ 30 kg 漂白粉（含有效氯 25% 以上）进行消毒。3 ~ 5 天解毒后，在池塘的进水口设置过滤网，灌满水，肥水 20 天左右，为水生动物的放养创造优良的生活环境。

3. 强化疾病检疫

对水生动物的疾病检疫，是指对其疾病病原体的检查，目的是掌握水生动物疾病病原的种类和区系，了解病原体对水生动物侵害的地区性、季节性及危害程度，以便及时采取相应的控制措施，杜绝病原的传播和流行。

4. 建立隔离制度

水生动物疾病一旦发生，不论是哪种疾病，均应采取严格的隔离措施，以防止疫病传播、蔓延。

5. 实施消毒措施

（1）苗种消毒。苗种放养前，必须先进行消毒。可用聚维酮碘或高锰酸钾、漂白粉等进行药浴。药浴的浓度和时间，根据不同的养殖种类、个体大小和水温灵活掌握。

（2）工具消毒。养殖用的各种工具都可成为病原体传播的媒介，在日常生产操作中，特别是疾病流行季节，应做到各池分开使用，若工具不足，可用 50 mg/L 高锰酸钾或 200 mg/L 漂白粉等浸泡 5 分钟，清水冲洗干净再行使用。

（3）饲料消毒。投喂的配合饲料可以不进行消毒。如投喂鲜活饵料，应以 100 ~ 200 mg/L 漂白粉浸泡消毒 5 分钟，清水冲洗干净后再投喂。

（4）食场消毒。定点投喂饲料的食场及其附近常有残饵剩余，为病原菌的大量繁殖提供了有利场所，特别是高温季节，很容易引起水生动物的细菌感染，导致疾病发生。疾病流行季节，应每隔 1 ~ 2 周在水生动物吃食后，对食场进行消毒。

四　疾病诊断

（一）对供检动物的要求

供检查的动物，最好是生病后濒死的个体或死亡时间较短的个体。死亡时间较长的个体，体色改变，组织变质，症状消退，病原体脱落或变形，无法进行诊断。

（二）现场检查

1. 检查养殖群体在池中的生活状态

（1）活力和游泳行为。健康的鱼、虾类在养殖期常集群，游动快速，活力

强。患病的个体常离群独游于水面或水层中，活力差，即使人为给予惊吓，反应也较迟钝，逃避能力差；有的在水面上打转或上下翻动，无定向地乱游，行为异常；有的侧卧或匍匐于水底。

（2）摄食和生长。健康无病的水生动物，反应敏捷、活跃，抢食能力强。按常规量投饲的，投饲半小时后基本没有饲料残剩。患病的个体则体质消瘦，很少进食；在苗种期，还可观察到消化道内无食物。

（3）体色和肢体。健康无病的个体体色正常，外表无伤残或黏附污物；在苗种阶段身体透明或半透明。而患病的个体或群体外表失去光泽，体色暗淡或褪色，有的体表有污物。鱼类可出现鳍膜破裂、烂尾、鳞片脱落或竖起等；虾类则表现为附肢变红或残缺、甲壳溃疡、肌肉混浊等。

2. 检查水生动物的生活环境

实地观察养殖池塘的面积、结构、排灌系统、土质和水深等，着重检查养殖水体的水质变化，看水色是否呈现浓绿、黑褐、污浊，是否有气泡上浮等不良现象；检查养殖水体的透明度、温度、盐度、pH 值、溶氧、氨氮是否在养殖水生动物的承受范围内；检查养殖水体的水源附近有无大量雨水流入，有无受到农药或工厂、矿山废水的污染；检查池中底泥有无过多的有机物质沉积，使底泥变黑、变臭等；还应了解池塘中生物的优势种类和数量；放养前有没有进行清塘，清塘是否彻底；清塘药物的种类、施放的时间和方法是否合理；捕捞、搬运等是否会对水生动物造成伤害等。

3. 检查养殖管理情况

检查养殖池的放养密度是否过大；每天投饵的数量、次数和时间是否适宜；饵料的质量及营养成分是否安全；残余饵料的清除是否及时；换水或加水的数量和间隔的时间是否合理；使用的工具是否消毒等。

4. 了解水生动物的发病经历

了解水生动物发病的时间、发病率、死亡的数量等；有无进行药物治疗，用药的种类、数量、方法和治疗效果；有无采取其他措施，如灌水或换水；该病过去是否发生过，曾发生的疾病种类等情况。

（三）实验室常规检查

实验室常规检查是诊断水生动物疾病一个最重要的步骤，多数的疾病在做剖检和镜检后才能确诊。

1. 目检

即用肉眼对患病个体的体表直接进行观察。

（1）观察水生动物体色是否正常，有无发红、充血、出血，有无红点（斑）、白点（斑）、黑点（斑）。体表、附肢有无异常，是否掉鳞、腐烂、溃疡，鳍（附肢）是否完整，有无突起、囊肿、包囊。眼睛是否正常，有无混浊、瞎眼。口腔内有无溃疡或异常。鳃是否正常，有无褪色、腐烂、囊肿和包囊等。

（2）检查体表、鳍（附肢）、鳃、口腔上有无大型病原体，如线虫、锚头蚤等。

2. 剖检

目检完毕后，进行剖检。剖检就是将患病个体进行解剖，用肉眼对各器官、组织进行观察。将患病个体用解剖剪剪去鳃盖（甲壳），露出鳃丝，在目检的基础上，进一步观察鳃丝的颜色，黏液是否增多，鳃丝末端有无肿大和腐烂。查完鳃后，再进行解剖检查内部器官，首先观察是否有腹水和肉眼可见的寄生虫（如线虫）及其包囊；再依次察看内部各器官组织的颜色和病理变化，有无炎症、充血、出血、肿胀、溃疡萎缩退化和肥大增生等病理变化。检查肠道时，应先将肠道中食物和粪便去掉，再进行观察，若肠道中存在较大的寄生虫（如吸虫、绦虫、线虫等），则很容易看到；若是细菌性肠炎，则会表现出肠壁充血、发炎；若是球虫病和黏孢子虫病，则肠壁上一般有成片或稀散的白点。

3. 镜检

镜检就是借助解剖镜或显微镜，对肉眼看不见的病原如细菌、真菌和原生动物等进行检查和观察。镜检时，取样要有代表性，供检材料应能代表养殖水体中患病的群体。镜检应按先体外后体内的顺序，取下各器官、组织，置于不同的器皿内。从患病个体的病变处中刮取黏液或取部分组织，制成水浸片后用光学显微镜检查。对可疑的病变组织或难以辨认的病原体，要用相应的固定液或保存液固定或保存，以供进一步观察和鉴定。

4. 病原分离

对于细菌和真菌性病原，首先选取具有典型症状的病体或病灶组织，体表或鳃用灭菌水洗涤、体内器官或组织经 75% 的酒精药棉消毒后，接种于培养基上，在适宜的温度下培养 24 ~ 48 小时，选取形状、色泽一致的优势菌落，重复画线分离培养以获纯培养，供进一步确定和鉴定病原。对于病毒性疾病，首先选取具有典型症状的病体或病灶组织，按病毒分离技术步骤，接种敏感细胞，进行病毒分离培养或利用指标生物判断及进行进一步的鉴定。

5. 其他检查方法

如果生病的动物呈现细菌性或病毒性疾病的症状，且在检查时没有发现任何致病的寄生虫或其他可疑病因时，可做出初步诊断。对有些病毒性和细菌性疾病，可用免疫和核酸的方法做出较迅速的诊断，如试剂盒检测、血清中和试验、荧光抗体、酶标抗体、PCR 和核酸探针等方法。

（四）综合分析和诊断

只有诊断正确，才能对症下药。正确的诊断来自宿主、病原（因）和环境条件三方面的综合分析。如果在生病动物身上同时存在几种病原，就应按其数量的多少和危害性的大小，确定主要病原。如车轮虫往往在许多种鱼类的鳃上和皮肤上与其他病原生物同时存在，数量多时可以致病，但数量少时危害性就不明显。对于患病水生动物的环境条件，应实地观察养殖池塘的面积、结构、排灌系统、土质、水质及其变化等；还应了解池塘中生物的优势种类和数量；饲料的质量，投饲的方法和数量，及日常饲养管理中的操作情况等。所有这些情况对于正确诊断、制订合理的预防措施及采取有效的治疗方法，都有非常重要的帮助。

第五节　池塘养鱼

池塘养鱼是我国饲养食用鱼的主要形式，特别是在淡水养殖业中，其总产量占全国淡水养鱼总产量的 75% 以上。

我国池塘养鱼业主要是利用经过整理或人工开挖面积较小（一般面积数亩至十余亩，大的有几十亩）的静水水体进行养鱼生产。由于管理体制较为方便，环境较易控制，生产过程能全面掌握，故可进行高密度精养，实现高产、优质、低耗、高效生产。

一　养殖周期

养殖周期是指饲养鱼类从鱼苗养成食用鱼所需要的时间。我国淡水养鱼业，养殖周期一般为 1 ~ 3 年。长江流域的池塘养鱼业大多采用 2 年或 3 年的养殖周期：鲢鱼、鳙鱼、鲤鱼、鲫鱼为 2 年，草鱼、鲂鱼为 2 年或 3 年，青鱼需要 3 ~ 4 年。

二　池塘

饲养食用鱼的池塘条件包括池塘位置、面积、水源和水质、水深、土质，以及池塘形状与周围环境等。

1. 池塘位置

应选择水源充足、水质良好，交通、供电方便的地方建造鱼池，这样既有利于排灌，也有利于鱼种、饲料和成鱼的运输。

2. 水源和水质

池塘应有良好的水源条件，以便经常加注新水，以无污染的河、湖为好。井水可以作为养鱼水源，但其水温和溶氧量均较低，应使井水流经较长的渠道或设晒水池，并在进水口下设接水板，待水落到接水板上溅起后再流入池塘，以提高水温和溶氧量。工厂和矿山排出的废水往往含有对鱼类有害的物质，只

有经过分析和试养，才能作为养鱼用水。

3. 池塘周围环境

池塘周围不应有高大的树木和房屋，以免阻挡阳光照射和风的吹动。

4. 池底形状

池塘池底一般可分为三种类型：①"锅底型"，即池塘四周浅，逐渐向池中央加深，整个池塘形似锅底。此类鱼池排水需在池底挖沟，捕鱼、运鱼、挖取淤泥十分不便，须加以改造。②"倾斜型"，池底平坦，并向出水口一侧倾斜。此类鱼池干池排水、捕鱼均方便，但清除淤泥仍十分不便。③"龟背型"，池底中间高，四周低，在与池塘斜坡接壤处最深，形成一条浅槽，整个池底呈龟背状，并向出水口一侧倾斜。这种鱼池排水干池时，鱼和水都集中在最深的集鱼处，排水、捕鱼十分方便，运鱼距离短。而且塘泥主要淤积在池底最深处的池槽内，容易清除，修整池埂可就近取土，劳动强度较小。此外，这种池底结构在拉网时，只需用竹篙将下纲压在池槽内，使整个下纲绷紧，紧贴池底，鱼类就不易从下纲处逃逸，可大大提高底层鱼的起捕率。

> **池塘条件**
>
> **面积**：饲养食用鱼的池塘面积应较大。根据目前食用鱼的饲养管理水平，一般认为池塘面积在10亩左右较为合适。
>
> **形状**：以东西长而南北宽的长方形池为最佳。长方形的长宽比以5：3为佳。
>
> **水深**：饲养食用鱼的池塘需要有一定的水深和蓄水量，以便增加放养量，提高产量。精养鱼池常年水位应保持在2～2.5m。
>
> **土质**：饲养鲤科鱼类的池塘土质以壤土最好，黏土次之，沙土最差。通常在鱼种放养时，池底应保持5cm厚的淤泥，这对补充水中营养物质和保持、调节水的肥度有很大的作用。
>
> **透明度**：指光透入水中的程度。把透明度板沉入水中至恰好分不清板面的黑白色，此时的深度称透明度（cm）。

5. 池塘清整

经一年的养鱼后，池塘底部会沉积大量淤泥（每年沉积10cm左右）。故应在干池捕鱼后，将池底周围的淤泥挖起放在堤埂和堤埂的斜坡上，待稍干时贴在堤埂斜坡上，拍打紧实，然后立即移栽黑麦草或青菜等，作为鱼类的青饲料。

这样既能改善池塘条件，增大蓄水量，又能为青饲料的种植提供优质肥料，此外，草根的固泥护坡作用可减轻池坡和堤埂的崩塌。整塘后，再用药物清塘。

清整好的池塘，注入新水时应采用密网过滤，防止野杂鱼进入池内，待药效消失后，方可放入鱼种。

三 鱼种

鱼种应数量充足，规格合适，种类齐全，体质健壮，无病无伤。

（一）鱼种规格

鱼种规格是根据食用鱼池放养的要求所确定的。通常仔口鱼种的规格应大，而老口鱼种的规格应偏小，这是高产的措施之一。但由于各种鱼的生长习性、各地的气候条件和饲养方法不同，鱼类生长速度也不一样，加之市场要求的食用鱼上市规格不同，因此，各地对鱼种的放养规格也不同。如青鱼市场要求达 2.5kg 以上才能上市，鱼种的放养规格需为 500～1000g 的 2 龄或 3 龄鱼种；鲢鱼、鳙鱼市场要求的上市规格为 750～1000g，则需放养 100～150g 的 1 龄大规格鱼种，为使鲢鱼、鳙鱼做到均衡上市，上半年就有 750g 以上的成鱼上市，可将 1 龄、2 龄鲢鱼、鳙鱼密养，使其在第二年达到特大规格（250～450g），供鲢鱼、鳙鱼第三年放养用。

（二）鱼种来源

池塘养鱼所需的鱼种应由本单位生产，就地供应。这样，鱼种的规格、数量和质量均能得到保证，而且也降低了成本。鱼种供应有以下两个途径。

1. 鱼种池专池培育

鱼种池主要提供 1 龄鱼种。近年来，由于食用鱼池放养量增加，单靠鱼种池培育鱼种已无法适应食用鱼池的需要。

2. 成鱼池套养

所谓套养就是同一种鱼类不同规格的鱼种同池混养。将同一种类不同规格（大、中、小三档或大、小二档）的鱼种按比例混养在成鱼池中，经一段时间的饲养后，将达到食用规格的鱼捕出上市，并在年中补放小规格鱼种（如夏花）。

随着鱼类生长，各档规格鱼种逐年提升，供翌年成鱼池放养用，故这种饲养方式又称"接力式"饲养。成鱼池套养鱼种有以下优点。

（1）挖掘了成鱼的生产潜力，培养出一大批大规格鱼种。通常成鱼池产量中约有80%的鱼上市，还余20%左右为翌年成鱼池放养的大规格鱼种。

（2）淘汰2龄鱼种池，扩大了成鱼池面积。使鱼种池和成鱼池的比例由套养前的3∶7调整为（1～1.5）∶（8.5～9）。

（3）提高了2龄青鱼和2龄草鱼鱼种的成活率。由于成鱼池饵料充足，适口饵料来源广泛，大规格鱼种抢食比2龄鱼种凶，2龄鱼种在成鱼池中不易过饥或过饱，因此套养在成鱼池中的2龄青鱼、草鱼鱼种成活率反而比2龄鱼种池的鱼种高。

（4）节约了大量鱼种池，节省了劳力和资金。计算鱼苗、鱼种的需求量不但要考虑当年成鱼池的放养量，还要为翌年成鱼池所需的鱼种做好准备。鱼苗、鱼种需求量可按下列公式计算：

某鱼种放养量（尾）＝成鱼池中该种鱼类的产量／该种鱼的平均出塘规格 × 该种鱼的成活率；

某种夏花鱼种放养量（尾）＝该种鱼种放养量（尾）／该种鱼种成活率；

某种鱼苗的需求量（尾）＝该种夏花鱼种放养量／该鱼苗成活率。

对一些苗种生产不稳定、成活率和产量波动范围较大的鱼种（如草鱼、团头鲂等），都应按上述每个公式计算后，再增加25%的数量，列入鱼种生产计划。

根据各类鱼苗、鱼种总需要数量，按成鱼池所要求的放养规格以及当地条件，制订出鱼苗、鱼种放养模式，再加上成鱼池套养数量，计算出鱼苗、鱼种池所需的面积。

（三）鱼种放养时间

提早放养鱼种是争取高产的措施之一。长江流域一般在春节前放养完毕，水温稳定在5～6℃时放养。在水温较低的季节放养有以下好处：鱼的活动能力弱，容易捕捞；在捕捞和放养操作过程中，鱼种不易受伤，可减少饲养期间的发病和死亡率；提早放养也就可以早开食，延长了鱼类的生长期。鱼种放养必须在晴天进行。严寒、风雪天气不能放养，以免鱼种在捕捞和运输途中冻伤。

四 混养搭配和放养密度

在池塘中进行多种鱼类、多种规格的混养，可充分发挥池塘水体和鱼种的生产潜力，合理利用饵料，提高产量。混养是我国池塘养鱼的重要特色。混养不是简单地把几种鱼混养在一个池塘中，也不是一种鱼的密养，而是多种鱼、多规格（包括同种不同龄）的高密度混养。

（一）混养的优点

混养是根据鱼类的生物学特点（栖息习性、食性、生活习性等），充分运用它们相互有利的一面，尽可能地限制和缩小它们有矛盾的一面，让不同种类和同种异龄鱼类在同一空间和时间内一起生活和生长，从而发挥"水、种、饵"的生产潜力。

1. 合理、充分利用饵料

投草类饵料时，草鱼切割草类食用后，其粪便转化成腐屑食物链，可供草食性、滤食性杂食性鱼类多次反复利用，大大提高了草类饵料的利用率。投喂人工精饲料时，饲料多被个体大的鱼类（青鱼、草鱼等）所吞食，但也有一部分细小颗粒散落而被鲤鱼、鲫鱼、团头鲂和各种小规格鱼种所吞食，使全部精饲料得到有效利用，不至于浪费。

2. 合理利用水体

不同养殖鱼类的栖息水层是不同的。鲢鱼、鳙鱼栖息在水体上层，草鱼、团头鲂喜欢在水体中下层活动，青鱼、鲤鱼、鲫鱼、鲮鱼、罗非鱼等则栖息在水体底层。将这些鱼类混养在一起，可充分利用池塘的各个水层，同单养一种鱼类相比，增加了池塘单位面积放养量，提高了产量。

3. 发挥养殖鱼类之间的互利作用

混养的积极意义不仅在于配养鱼本身提供一部分鱼产量，还在于发挥各种鱼类之间的某些互利作用，因而能使各种鱼的产量均有所提高。

4. 获得食用鱼和鱼种双丰收

在成鱼池混养各种规格的鱼种，既能取得成鱼高产，又能解决翌年放养大规格鱼种的需要。

5. 提高社会效益和经济效益

通过混养，不仅提高了产量，降低了成本，而且可在同一池塘中生产出各种食用鱼。特别是可以全年向市场提供活鱼，满足了消费者的不同需求，这对繁荣市场、稳定价格、提高经济效益有重大作用。

（二）主要养殖鱼类之间的关系

1. 青鱼、草鱼、鲤鱼、团头鲂、鲫鱼与鲢鱼、鳙鱼之间的关系

青鱼、草鱼、鲤鱼、团头鲂、鲫鱼食贝类、草类和底栖动物等，俗称"吃食鱼"，它们的残饵和粪便形成腐屑食物链和牧食食物链，给鲢鱼、鳙鱼提供了良好的饵料条件，故称鲢鱼、鳙鱼为"肥水鱼"。反过来，"肥水鱼"又通过摄食腐屑和滤食浮游生物起到了防止水质过肥的作用，给喜清新水质的"吃食鱼"创造了良好的生活条件。这样既提高了饵料利用率，做到一种饵料反复多次利用，又发挥了它们之间的互利作用，促进了鱼类生长。渔谚中的"一草养三鲢"，正说明了这种混养的生物学意义。在不施肥和少投精饲料的情况下，"肥水鱼"和"吃食鱼"之间的比例大概为1:1。渔谚有"一层吃食鱼，一层肥水鱼"的说法，即 1kg "吃食鱼"可带养 1kg "肥水鱼"。而在大量投喂精饲料和施肥的情况下，该比例变成1:（0.3 ~ 0.6）。这是因为鱼池大量投饵施肥后，有一部分肥料和残饵没有得到充分利用而变成塘泥沉积在池底，退出了池塘物质循环的过程。

2. 草鱼和青鱼之间的关系

青鱼上半年个体较小，食谱范围狭窄，下半年贝类资源丰富，供应量充足，适于其生长。而草鱼摄食的草类上半年鲜嫩，中后期茎长叶老，质量较差。此外在饲养中后期，由于投饵量的增加，易造成水质过肥。草鱼喜欢清新水质而青鱼较耐肥水。针对上述特点，在生产上采取不同季节重点抓不同的养殖对象。通常在 8 月以前抓草鱼吃食，使大规格草鱼在此时达到上市规格，轮捕上市，以降低密度，有利于留池草鱼生长。而青鱼则上半年主要抓饲料的适口性，8 月以后抓投饵，促进青鱼生长，从而缓和青鱼和草鱼在水质上的矛盾。

3. 鲢鱼、鳙鱼之间的关系

鲢鱼、鳙鱼的主要饵料只是相对不同。在施肥及投喂精饲料的池塘中，鲢

鱼的抢食能力远比鳙鱼强，因而容易抑制鳙鱼生长。在不投精饲料的池塘中，浮游动物的数量远比浮游植物少得多，因此，鳙鱼不能放养太多。渔谚有"一鲢夺三鳙"之说。在长江流域鲢鱼、鳙鱼的比例为（3 ~ 5）：1。

4.青鱼、草鱼与鲤鱼、鲫鱼、团头鲂之间的关系

青鱼、草鱼个体大，食量大，对饵料要求高，而鲤鱼、鲫鱼、团头鲂则相反。将它们混养在一起，青鱼、草鱼可为鲤鱼、鲫鱼、团头鲂提供大量的适口饵料，而鲤鱼、鲫鱼、团头鲂等则为青鱼、草鱼清除残饵，清洁食场。这样不仅充分利用了饵料，而且改善了水质，有利于青鱼、草鱼的生长。主养青鱼的鱼池中，动物性饵料较多，故鲤鱼、鲫鱼可多放一些。主养草鱼的鱼池，动物性饵料少，鲤鱼、鲫鱼应少放一些，而应增加团头鲂的放养量。

5.鲢鱼、鳙鱼与罗非鱼之间的关系

罗非鱼属杂食性鱼类，幼鱼期以浮游生物为食，成鱼则以有机腐屑为主。因此在食性上与鲢鱼、鳙鱼有矛盾。生产上可采取：①罗非鱼与鲢鱼、鳙鱼交叉放养。上半年罗非鱼个体小，还未大量繁殖，密度稀，对鲢鱼、鳙鱼影响小，此时必须抓好鲢鱼、鳙鱼的饲养，使它们能在6—8月达到上市规格捕出。下半年罗非鱼大量繁殖，个体增大，密度增加，必须抓好罗非鱼的生长。②控制罗非鱼的密度，将达到上市规格的鱼及时捕出。③控制罗非鱼的繁殖，如单养雄性鱼或放养凶猛鱼类等。④增加投饵、施肥数量，保持水质肥沃，缓和食饵竞争。

（三）确定主养鱼类和配养鱼类

主养鱼又称主体鱼，它们不仅在放养量（重量）上占较大的比例，而且是投饵施肥和饲养管理的主要对象。配养鱼是处于配角地位的养殖鱼类，它们可以充分利用主养鱼的残饵、粪便形成的腐屑以及水中的天然饵料很好地生长。确定主养鱼和配养鱼，应考虑以下因素。

（1）市场要求。根据当地市场对各种养殖鱼类的需求量、价格和供应时间，为市场提供适销对路的鱼货。

（2）饵料、肥料来源。如草类资源丰富的地区可考虑以草食性鱼类为主养鱼；螺、蚬类资源较多的地区可考虑以青鱼为主养鱼；精饲料充足的地区，则

可根据当地消费习惯，以鲤鱼或鲫鱼或青鱼为主养鱼；肥料容易分解的可考虑以滤食性鱼类（如鲢鱼、鳙鱼等）或食腐屑性鱼类（如罗非鱼、鲮鱼等）为主养鱼。

（3）池塘条件。面积较大、水质肥沃、天然饵料丰富的池塘，可以鲢鱼、鳙鱼为主养鱼；新建的池塘，水质清瘦，可以草鱼、团头鲂为主养鱼；池水较深的塘，可以青鱼、鲤鱼为主养鱼。

（4）鱼种来源。只有供应充足且价格适宜的鱼种，才能作为养殖对象。

（四）混养类型及生产模式

我国地域广阔，各地自然条件、养殖对象、饵料来源等均有较大差异，因而形成了不同的混养类型，主要有以下几种。

1. 以草鱼为主养鱼的混养类型

主要对草鱼（包括团头鲂）投喂草类，利用草鱼、团头鲂的粪便肥水，产生大量腐屑和浮游生物，养殖鲢鱼、鳙鱼。由于青饲料较容易解决，成本较低，已成为我国最普遍的混养类型。该放养殖模式的特点如下。

（1）放养大规格鱼种。鱼种来源主要由本塘套养解决。一般套养鱼种占总产量15%～20%，本塘鱼种自给率在80%以上。

（2）以投喂草类作为主要饲料。每亩净产250kg以下一般只施基肥，不追施有机肥；每亩净产500kg以上的，主要在春、秋两季追施有机肥料，在7—10月轮捕2～3次。

（3）鲤鱼放养量要少，放养规格要适当增大。由于动物性饲料少，且鲫鱼价格比鲤鱼高，有些渔区采用"以鲫鱼代鲤鱼"的方法，即不放养鲤鱼，而增加异育银鲫放养量（通常比原放养量增加0.5～1倍）。

2. 以鲢鱼、鳙鱼为主养鱼的混养类型

以滤食性的鲢鱼、鳙鱼为主养鱼，适当混养其他鱼类，特别重视混养食有机腐屑的鱼类（如罗非鱼、银鲴等）。饲养过程中主要采取施有机肥料的方法。由于养殖周期短、有机肥来源方便，故成本较低，但这种养殖模式优质鱼的比例偏低。目前该类型的优质鱼的放养量已有逐步增加的趋势。该混养类型的特点如下。

（1）鲢鱼、鳙鱼放养量占70%～80%，毛产量占50%～60%。大规格鱼种采用成鱼池套养方法解决。鲢鱼、鳙鱼种从5月开始轮捕后，即补放大规格鱼种，补放鱼种数量与捕出数大致相等。

（2）以施有机肥料为饲养的主要措施。若池塘较大（10～30亩），适宜于施用有机肥料肥水。

（3）为改善水质，充分利用有机腐屑。重视混养食有机腐屑的罗非鱼、银鲷等，它们比鲤鱼、鲫鱼更能充分地利用池塘施有机肥后形成的饵料资源。

（4）实行鱼、畜、禽、农结合，开展"综合养鱼"。如"鱼、猪、菜"三结合、"龟、禽、菜"三结合，循环利用了废物，提高了能源利用率，保持了生态平衡。

3. 以青鱼、草鱼为主养鱼的混养类型

该混养类型的特点如下。

（1）青鱼、草鱼的放养量相近。

（2）同种异龄鱼种混养放养种类、规格多（通常在15档以上），密度高，放养量大。

（3）以成鱼池套养培养大规格鱼种，成鱼池鱼种自给率达80%以上。

（4）以投天然饵料和施有机肥为主，辅以精饲料或颗粒饲料。

（5）7—9月轮捕2～3次，6月补放鲢鱼、鳙鱼春花为暂养在鱼种池的鱼种。

（6）实行"鱼、畜、禽、农"结合，"渔、工、商"综合经营，成为城郊"菜篮子"工程的重要组成部分和综合性的副食品供应基地。

4. 以青鱼为主养鱼的混养类型

这种混养类型主要对青鱼投喂螺、蚬类，利用青鱼的粪便和残饵饲养鲫鱼、鲢鱼、鳙鱼、团头鲂等鱼类。青鱼经济价值高，深受消费者喜爱。但由于螺、蚬等天然饵料资源少，限制了该养殖类型的发展。目前已配制成青鱼颗粒饲料用于饲养青鱼，生产上初见成效。

（五）放养模式设计

尽管各种混养模式都是根据当地的具体条件而设计形成的，但它们仍有其

共同点和普遍规律。在设计放养模式时，应遵循以下原则。

（1）每种混养模式均有 1 ~ 2 种鱼类为主养鱼，同时适当混养搭配一些其他鱼类。

（2）为充分利用饵料，提高池塘生产力和经济效益，滤食性鱼类与非滤食性鱼类（俗称吃食鱼）之间要有合适的比例。在每亩净产 500 ~ 1000kg 的情况下，前者与后者的比例以 4∶6 为妥。

（3）鲢鱼、鳙鱼的净产量不会随非滤食性鱼类产量的增加而同步上升，一般鲢鱼、鳙鱼的每亩净产为 250 ~ 350kg，鲢鱼、鳙鱼之间的放养比例为 3 ~（5∶1）。

（4）一般上层鱼、中层鱼和底层鱼之间的比例以（4 ~ 5）∶（3 ~ 3.5）∶（2.5 ~ 3）为妥。

（5）采用"老口小规格、仔口大规格"的放养方式，可减少放养量，发挥鱼种的生产潜力，缩短养殖周期，增加鱼产量。

（6）鲤鱼、鲫鱼、团头鲂的生产潜力很大，其净产量的增加首先与放养尾数有关。故在出塘规格允许的情况下，可相应增加放养尾数。

（7）同样的放养量，混养种类多（包括同种不同规格）比混养种类少的类型系统弹性强，缓冲力大，互补作用好，稳产、高产的把握性更大。

（8）放养密度应根据当地饵料、肥料供应情况，池塘条件，鱼种条件，水质条件，渔机配套，轮捕轮放情况和管理措施而定。

（9）为使鱼货均衡上市，提高社会效益和经济效益，应配备足够数量的大规格鱼种，供年初放养和生长期轮捕轮放用，并适当提前轮捕季和增加轮捕轮放次数，使池塘载鱼量始终保持在最佳状态。

（10）成鱼池套养鱼种是解决大规格鱼种的重要措施。套养鱼种的出塘规格应和其年初放养的规格相似，数量应等于或稍大于年初该鱼种的放养量。

（六）放养密度

在一定的范围内，只要饵料充足、水源水质条件良好、管理得当，放养密度越大，产量越高，故合理密养是池塘养鱼高产的重要措施之一。只有在混养的基础上，密养才能充分发挥池塘和饲料的生产潜力。

1. 密度加大、产量提高的物质基础是饵料

对主要摄食投喂饲料的鱼类来说，密度越大，投喂饲料越多，则产量越高。但提高放养量的同时，必须增加投饵量，才能获得增产效果。

2. 限制放养密度无限提高的因素是水质

在一定密度范围内，放养量越高，净产量越高。但当超出一定密度范围，即使饵料供应充足，也难获得增产效果，甚至还会产生不良结果，主要是受水质限制。我国几种主要养殖鱼类的适宜溶氧量为 4 ~ 5.5mg/L，如溶氧低于 2mg/L 时，鱼类呼吸频率加快，能量消耗加大，生长缓慢。如放养过密，池鱼常会处在低氧状态，这就大大限制了鱼类的生长。此外，放养过密，水体中的有机物质（包括残饵、粪便和生物尸体等）在缺氧条件下，会产生大量的还原物质（硫化氢、有机酸等），对鱼类有较大的毒害作用，会抑制鱼类生长。

3. 决定放养密度的依据

在能养成商品规格的成鱼或能达到预期规格鱼种的前提下，可以达到最高产量的放养密度，即为合理的放养密度。合理的放养密度，应根据池塘条件、鱼的种类与规格、饵料供应和管理措施等情况来综合考虑决定。

（1）池塘条件。有良好水源的池塘，放养密度可适当增加。较深的（2 ~ 2.5m）池塘放养密度可大于较浅的（1 ~ 1.5m）池塘。

（2）鱼种的种类和规格。混养多种鱼类的池塘，放养量可大于单一种鱼类或混养种类少的鱼池。此外，个体较大的鱼类比个体较小的鱼类放养尾数应较少，而放养重量应较大；反之则较小。同一种类不同规格鱼种的放养密度，与上述情况相似。

（3）饵料、肥料供应量。如饵料、肥料充足，放养量可相应增加。

（4）饲养管理措施。养鱼配套设备较好，轮捕轮放次数多，放养密度可相应加大。此外，管理精细、养鱼经验丰富、技术水平较高的，放养密度可适当加大。

（5）历年放养模式在该池的实践结果。通过对历年各类鱼的放养量、产量、出塘时间、规格等技术参数的分析评估，如鱼类生长快，单位面积产量高，饵料系数不高于一般水平，浮头次数不多，说明放养量是较合适的；反之，表明

放养量过密，放养量应适当调整。如成鱼出塘规格过大，单位面积产量低，总体效益低，表明放养量过稀，必须适当增加放养量。

五 轮捕轮放与套养鱼种

轮捕轮放就是分期捕鱼和适当补放鱼种，即在密养的水体中，根据鱼类生长情况，到一定时间捕出一部分达到商品规格的成鱼，再适当补放鱼种，以提高池塘经济效益和单位面积鱼产量。概括地说，轮捕轮放就是"一次放足，分期捕捞，捕大留小，去大补小"。

（一）轮捕轮放的作用

1. 有利于活鱼均衡上市，提高社会效益和经济效益

采用轮捕轮放可改变以往市场淡水鱼"春缺、夏少、秋挤"的局面，做到四季有鱼，不仅满足了社会需要，也提高了经济效益。

2. 有利于加速资金周转，减少流动资金的数量

轮捕上市鱼的经济收入可占养鱼总收入的 40%～50%，这就加速了资金的周转，降低了成本，为扩大再生产创造了条件。

3. 有利于鱼类生长

在饲养前期，因鱼体小，活动空间大，为充分利用水体，可多放一些鱼种。随着鱼类生长，采用轮捕轮放方法及时降低密度，使池塘鱼类容纳量始终保持在最大限度的容纳量以下，这就延长了池塘的饲养时间，扩大了饲养空间，缓和或解决了密度过大对群体增长的限制，使鱼类在主要生长季节始终保持合适的密度，促进鱼类快速生长。

4. 有利于提高饵料、肥料的利用率

利用轮捕控制各种鱼类生长期的密度，以缓和鱼类之间（包括同种不同规格）在食性、生活习性和生存空间上的矛盾，使成鱼池混养的种类、规格和数量进一步增加，充分发挥池塘中"水、种、饵"的生产潜力。

5. 有利于培育量多质好的大规格鱼种

通过捕大留小，及时补放夏花和 1 龄鱼种，使套养在成鱼池的鱼种迅速生长，到年终即可培育成大规格鱼种。

（二）轮捕轮放的条件

成鱼池采用轮捕轮放技术需要具备以下条件。

（1）年初放养数量充足的大规格鱼种。只有放养了大规格鱼种，才能在饲养中期达到上市规格，轮捕出塘。

（2）各类鱼种规格齐全，数量充足，符合轮捕轮放要求，同种规格鱼种大小均匀。

（3）同种不同规格的鱼种个体之间的差距要大，否则易造成两者生长上的差异不明显，给轮捕选鱼造成困难。

（4）饵料、肥料充足，管理水平要跟上，否则到了轮捕季节，因鱼种生长缓慢，尚未达到上市规格，生产上就会处于被动局面。

（5）改良捕捞网具，将1cm的小目网改为5cm的大目网，网片的水平缩结系数和垂直缩结系数相近，网目近似正方形。轮捕拉网时，中小规格的鱼种穿网而过，不易受伤，而留在网内的鱼均是个体大的。这样选鱼和操作都较方便，拉网时间短，劳动生产力高。

（6）捕捞技术要细致和正确。

（三）轮捕轮放的方法

1. 捕大留小

放养不同规格或相同规格的鱼种，饲养一定时间后，分批捕出一部分达到食用规格的鱼类，而较小的鱼继续留池饲养，不再补放鱼种。

2. 捕大补小

分批捕出成鱼后，同时补放鱼种或夏花。这种方法的产量较上一种高。补放的鱼种视规格大小和生产的目的，或养成食用鱼，或养成大规格鱼种，供翌年放养。

3. 轮捕轮放的技术要点

在天气炎热的季节捕鱼，渔民称为捕"热水鱼"。因水温高，鱼的活动能力强，捕捞较困难，而且鱼类耗氧量大，鱼不能忍耐较长时间的密集，而捕在网内的鱼又大部分需回池，如在网内时间过长，很容易受伤或缺氧闷死。因此捕"热水鱼"是一项技术性较高的工作，要求操作细致、熟练、轻快。

捕捞时要求在水温较低、池水溶氧较高时进行，一般多在下半夜、黎明捕鱼，以供应早市。如鱼有浮头征兆或正在浮头，则严禁拉网捕鱼。傍晚不能拉网，以免引起上下水层提早对流，加速池水溶氧消耗，容易造成池鱼浮头。

捕捞后，鱼体会分泌大量黏液，同时池水混浊，耗氧增加，因此必须立即加注新水或开动增氧机，使鱼有一段顶水时间，以冲洗过多黏液，增加溶氧，防止浮头。在白天捕"热水鱼"，一般加水或开增氧机 2 小时左右即可；在夜间捕"热水鱼"，加水或开动增氧机一般要待日出后才能停泵停机。

（四）套养鱼种

在成鱼池套养鱼种，是解决成鱼高产和大规格鱼种供应不足矛盾的一种较好的方法，使成鱼池既能生产食用鱼，又能培养翌年放养的大规格鱼种。当前市场要求食用鱼的上市规格有逐步增大的趋势，如依靠鱼种池培养大规格鱼种，则会缩小成鱼池饲养的总面积，成本必然增大。而采用在成鱼池中套养鱼种，每年只需在成鱼池中增放一定数量的小规格鱼种，至年底就可在成鱼池中套养出一大批大规格鱼种。尽管当年食用鱼的上市量有所下降，却为来年成鱼池供应大部分鱼种的放养量。套养不仅从根本上革除了 2 龄鱼种池，而且也压缩了 1 龄鱼种池面积，增加了食用鱼池的养殖面积。

要做好套养鱼种工作，应注意如下几点：①切实抓好 1 龄鱼种的培育，培育出规格大的 1 龄鱼种，其中 1 龄草鱼种和青鱼种的全长必须达到 13cm 以上，团头鲂鱼种全长必须达 10cm 以上。②成鱼池年底出塘的鱼种数量应等于或略多于来年该成鱼池大规格鱼种的放养量。③必须保证成鱼池有 80% 的食用鱼上市。④及时轮捕轮放，控制好密度，保证鱼类正常生长。⑤轮捕的网目要适当放大，避免小规格鱼种挂网受伤。⑥要加强饲养管理，对套养的鱼种在摄食方面应给予特殊照顾。比如增加鱼种适口饵料的供应量，开辟鱼种食场，先投颗粒饲料喂大鱼、后投粉状饲料喂小鱼等以促进套养鱼种生长。

六　施肥与投饵

在密养条件下，要使鱼类得到充足的食物而正常生长，就必须大量施肥和投喂人工饵料。科学施肥与投饵是发展高产、高效渔业最根本的技术措施之一。

（一）池塘施肥

池塘施肥是为了补充水中的营养盐类及有机物质，增加腐屑食物链和牧食链的数量，为滤食性鱼类、杂食性鱼类以及草食性鱼类提供饵料。

1. 施基肥

瘦水池塘或新开挖的池塘，池底缺少或无淤泥，水中有机物含量低，水质清瘦。为了改善水质，使之含有较多的营养物质，必须施放基肥。基肥应在冬季干池清整后即可施用，使池塘注水养鱼后，能及时繁殖天然饵料。基肥通常均采用有机肥料，将有机肥料施于池底或积水区的边缘，经日光暴晒数天，适当分解矿化后，翻动肥料，再暴晒数日，即可注水。基肥应一次施足，具体数量视池塘的肥瘦，肥料的种类、浓度等而定。在池塘加水后施基肥，其主要作用是肥水而非肥底泥。可将有机肥料分为若干小堆放置于沿岸浅水区，隔数天翻动一次，使营养物质逐渐分解扩散。肥水池塘和养鱼多年的池塘，池底淤泥较多，一般少施甚至不施基肥。

2. 施追肥

为了陆续补充水中的营养物质，使饵料生物始终保持较高水平，在鱼类生长期间需要追加肥料。施追肥应掌握及时、均匀和量少次多的原则。施肥量不宜过多，以防止水质突变。在鱼类主要生长季节，由于大量投饵，鱼类摄食量大，粪便、残饵多，池水有机物含量高，因此水中的有机氮肥高，此时不必施用耗氧量高的有机肥料，而应追施无机磷肥。

3. 施肥方法

（1）以有机肥料为主、无机肥料为辅，"抓两头、带中间"的施肥原则。有机肥料除了直接作为腐屑食物链供鱼类摄食外，还能培养大量的微生物和浮游生物作为鱼类的饵料，故有机肥料是培育优良水质的基础。但有机肥料耗氧量大，在高温季节容易恶化水质。因此在精养鱼池中，有机肥料以在施基肥时使用为主；作为追肥，也仅仅在水温较低的早春和晚秋应用。这就是渔民所说的以有机肥料为主，要"抓两头"的含义。

在鱼类主要生长季节，水中有效氮含量随投饵量的增加而逐渐增加，因此不需要再施含氮量高的无机氮肥或耗氧量大的有机氮肥，而此时水中的有效磷却极度缺乏，因此必须及时施用无机磷肥，以增加水中的有效磷含量，调整有效氮和有效磷之间的比例，促进浮游植物生长，提高池塘生产力。这就是渔民所说的以无机肥料（磷肥）为辅，要"带中间"的含义。在长江流域，通常放养前至3月施肥量占全年有机肥总量的70%～80%，其余作为追肥在春秋"两头"施用。

（2）有机肥料必须发酵腐熟。有机肥料腐熟后，除了能杀灭部分致病菌，有利于卫生和防病外，还可以使大部分有机物通过发酵分解成大量的中间产物。在晴天中午用全池撒施的方法施追肥，可以充分利用池水上层的超饱和氧气，这样既可以加速有机肥料的氧化分解，又降低了有机物在夜间的耗氧量，夜间就不易因耗氧因子过多而影响鱼类生长。

（3）追肥要量少次多，少施勤施。在春秋季节，如采用有机肥料作追肥，应选择晴天，在良好的溶氧条件下，采用全池撒施的方法，勤施少施，以避免池水耗氧量突然增加。

（4）巧施磷肥，以磷促氮。磷肥应先溶于水，待溶解后，在晴天中午全池均匀泼洒，浓度为过磷酸钙10mg/L。通常在5—9月每隔半个月（主要视水质而定）泼洒（或喷洒）一次。泼洒后的当天不能搅动池水（包括拉网、加水、中午开增氧机等），以延长水溶性磷肥在水中的悬浮时间，降低塘泥对磷的吸附和固定。通常施用磷肥3～5天后，池中浮游植物将达到高峰，生物量明显增加，氨氮下降，此时，应根据水质管理的要求，适当加注新水，防止水色过浓。

上述池塘为精养鱼池，池水含有大量有效氮。如果是粗养鱼池或瘦水塘，池水中的有效氮和有效磷含量均很低，则应同时施用无机氮肥和无机磷肥。一般无机氮肥和磷肥的比例以1∶1为宜。

（二）投饵

1. 投饵数量的确定

1）全年投饵计划和各月分配

为了做到有计划生产，保证饵料及时供应，做到根据鱼类生长需要，均匀、适量地投喂饵料，必须在年初制订好全年的投饵计划。具体做法如下。

（1）计算亩净产量。根据各成鱼池的放养量和规格，确定各种鱼类的净增肉倍数，根据净增肉倍数确定计划净产量。

（2）根据饵料系数或综合饵肥料系数计算出全年投饵量。例如，有一个 10 亩成鱼池，主养鲤鱼，每亩放养鲤鱼 80kg，计划净增肉倍数为 7。那么，每亩净产鲤鱼为 80kg×7=560kg，全池净产鲤鱼为 560kg×10=5600kg。该池投喂鲤鱼颗粒饵料，饵料系数为 2，则全年该池计划投颗粒饵料量为 5600kg×2=11200kg。

对于以投天然饵料为主的鱼池，其饵料种类多，在生产中无法了解某种鱼对某一饵料的实际吃食量，加以饵料、肥料本身具有交叉效应，如按习惯方法计算饵料系数，误差很大。为此，可改为从养殖总体出发，以每增长 1kg 鱼分别需要精饲料、草料和肥料的数量（即全年投放的精饲料、草料和肥料的总量分别除以鱼类总净产量）得出精料系数、草料系数和肥料系数。这 3 个系数统称为综合饵肥料系数。用综合饵肥料系数作为测算饵肥料需要量的依据，可从整体上反映当地饵料、肥料的供应水平及对养鱼的影响。但由于各地的天气、饲养方法、饵料和肥料的种类及组成不同，各个养鱼企业的精料、草料和肥料系数差异较大。因此，各养殖单位应根据本单位的养殖模式和饵料、肥料的种类及组成，计算出本场的精料系数、草料系数和肥料系数，从中测算出年计划投饵施肥数量。例如，某养鱼场求算出的综合饵肥料系数为精料系数 2+ 草料系数 6+ 肥料系数 1.5，那么亩净产 1000kg 鱼，全年饵肥料计划需要量为 2000kg精饲料 +6000kg 陆草 +1500kg 有机肥料。

（3）根据月投饵百分比，算出每月的计划投饵量。以天然饵料和精饲料为主的投喂方式，根据当地水温、季节、鱼类生长以及饵肥料供应等情况计算出各月饵料分配百分比。以配合饲料为主的投喂方式，除了计算月投饵百分比外，还应根据水温和鱼类生长情况，计算出每 5 天的投饵量。尽管各地的饵料种类、养殖方法、气候均有所不同，但在各月饵料分配比例均有共同点：即在季节上采取"早开食、晚停食、抓中间、带两头"的分配方法，在鱼类主要生长季节投饵量占总投饵量的 75%～85%。在饵料种类上，草类饵料在春、夏季数量多、质量较好，供应重点偏在鱼类生长季节的中前期。贝类饵料下半年产量高，加以此期青鱼、鲤鱼个体大，食谱范围广，供应重点偏在鱼类生长季节的中后期。精饲料重点也在中后期供应，以利鱼类保膘越冬。此外，在早春开食阶段，必须抓好饵料的质量。

2）每日投饵量的确定

每日的实际投饵量主要根据当地的水温、水色、天气和鱼类吃食情况（即"四看"）而定。

（1）水温。水温在 10℃以上即可投喂，每次每亩投喂 2～3kg 易消化的精饲料（或适口颗粒饲料）；15℃以上可开始投嫩草、粉碎的贝类，精饲料的投喂量占鱼体重 0.6%～0.8%；水温 20℃以上，精饲料投喂量占鱼体重 1%～2%；水温 25℃以上，精饲料投喂量占体重 2.5%～3%；水温 30℃以上，精饲料投喂量占体重 3%～5%。在鱼病季节和梅雨季节应控制投饵量。

（2）水色。池塘水色以黄褐色或油绿色为好，可正常投饵。如水色过浓转黑，表示水质要变坏，应减少投饵量，及时加注新水。

（3）天气。天气晴朗时池水溶氧条件好，应多投；阴雨天池水溶氧条件差，则少投；天气闷热，无风、欲下雷阵雨应停止投饵。天气变化大，鱼食欲减退，应减少投饵量。

（4）鱼类吃食情况。每天早晚巡塘时检查食场，了解鱼类吃食情况。如投饵后很快吃完，应适当增加投饵量；如投饵后长时间未吃完，应减少投饵量。

2. 投饵方法

在投饵方法上，应实行"四定"投饵原则。

（1）定质。草类饵料要求鲜嫩、无根、无泥，鱼喜食。贝类饵料要求纯净、鲜活、适口、无杂质。精饲料要求粗蛋白质高。颗粒饲料要求营养全面、适口，在水中不易散失。不投腐败变质饵料。

（2）定量。每日投饵量不能忽多忽少，避免鱼类时饥时饱，影响消化、吸收和生长，且易引起鱼病发生。

（3）定时。让鱼类在池水溶氧高的条件下吃食，以提高饵料利用率。通常草类和贝类饵料宜在9：00左右投喂。精饲料和配合饲料应根据水温和季节，适当增加投喂次数（指1日投饵量分成多次投喂），以提高饵料利用率。

（4）定位。鱼类对特定的刺激容易形成条件反射，因此固定投饵地点，有利于提高饵料利用率，有利于了解鱼类吃食情况，并便于清除剩饵，进行食场消毒，保证池鱼吃食卫生。投精饲料和配合饲料，要在池边搭设跳板，投饵时应事先给予特定的刺激（如音乐等），使鱼集中在跳板附近再投饵，这样可以防止饵料散失，提高饵料利用率。草类投放量大，一般不设食场，否则该处水质易恶化。

在当前饵料供应较紧张的情况下，为了降低饵料成本，充分发挥饵料的生产潜力，应坚持做到一年中连续不断地投喂足量的饵料。特别是在鱼类主要生长季节应坚持每天投饵，以保证鱼类吃食均匀。渔谚有"一天不吃，三天不长""一天不投，三天白投"的说法，形象地说明时断时续的投饵对鱼类生长所带来的影响。据统计，同样的单位投饵量（即每放养1kg摄食该种饵料的鱼类一年的投饵量），若年投饵次数比正常少30%～50%（即每次投饵量多），青鱼、草鱼、团头鲂、鲤鱼、鲫鱼的净产量比正常池低50%，滤食性鱼类的净产量比正常池低30%。因此，投饵必须坚持"匀"字当头，"匀"中求足，"匀"中求好（质量）的要求。

此外，对于以精饲料或配合饲料为主的鱼池，其投饵量比天然饵料少得多，鱼类吃食不易均匀。加上鲤科鱼类无胃，只有增加一天中的投饵次数，才能提高饵料的消化率和利用率。特别是添加了氨基酸的配合饲料，必须如此增加投饵频率，才能有效地利用饲料中添加的氨基酸。在长江流域，采用配合饲料的投饵次数和时间为：4月和11月每天投2次（9：00、14：00）；5月和10月每天投喂3次（9：00、12：00、15：00）；6—9月则应每天投喂4次（8：30、11：00、13：30、15：30）。

七　饲养管理

一切养鱼的物质条件和技术措施，都要通过日常的饲养管理，才能发挥效

能，获得高产、高效的结果。渔谚有"增产措施千条线，通过管理一根针"的说法，是十分形象化的比喻。

（一）池塘管理的基本内容

（1）经常巡视池塘，观察鱼类动态。每天早、中、晚巡塘3次。黎明是一天中溶氧最低的时候，要检查鱼类有无浮头现象。如发现浮头，须及时采取相应措施。14：00—15：00是一天中水温最高的时候，应观察鱼的活动和吃食情况。傍晚巡塘主要是检查全天吃食情况和有无残剩饵料，有无浮头预兆。酷暑季节，天气突变时，鱼类易发生严重浮头，还应在半夜前后巡塘，以便及时采取措施制止严重浮头，防止泛池事故。此外，巡塘时要注意观察鱼类有无离群独游或急剧游动、骚动不安等现象。如发现鱼类活动异常，应查明原因，及时采取措施。巡塘时还要观察水色变化，及时采取改善水质的措施。

（2）做好鱼池清洁卫生工作。池内残草、污物应随时捞去，清除池边杂草，保持良好的池塘环境。如发现死鱼，应检查死亡原因，并及时捞出。死鱼应妥善处理，不能乱丢，以免病原扩散。

（3）根据天气、水温、季节、水质、鱼类生长和吃食情况确定投饵、施肥的种类和数量，并及时做好鱼病防治工作。

（4）保持适当的水位，做好防旱、防涝、防逃工作。

（5）做好全年饲料、肥料需求量的测算和分配工作。

（6）种好池边（或饲料地）的青饲料。选择合适的青饲料品种，做到轮作、套种，搞好茬口安排，及时播种、施肥和收割，提高青饲料的质量和产量。

（7）合理使用渔业机械设备，注意用电安全。

（8）做好池塘管理记录和统计分析。每口鱼池都要有养鱼日记，对各类鱼种的放养及每次成鱼的收获日期、尾数、规格、重量，每天投饵、施肥的种类和数量以及水质管理和病害防治等情况，都应有相应的表格记录在案，以便统计分析，及时调整养殖措施，并为以后制订生产计划，改进养殖方法打下扎实的基础。

（二）池塘水质管理

鱼类在池塘中的生活、生长情况是通过水体环境的变化来反映的，各种养鱼措施也都是通过水体环境作用于鱼体的。因此,水体环境成了养鱼者和鱼类之间的"桥梁"。池塘水质管理,除了施肥、投饵培育和控制水外,还应采取以下主要措施。

1. 及时加注新水

及时加水是调控水质必不可少的措施。对精养鱼池而言,加水有四个作用。

(1)增加水深。增加了鱼类的活动空间,相对降低了鱼类的密度。池塘蓄水量增大,也稳定了水质。

(2)提升池水的透明度。加水后,池塘水色变淡,透明度增大,使光线透入水的深度增加,浮游植物光合作用水层(造氧水层)增大,池水溶氧增加。

(3)降低藻类(特别是蓝藻、绿藻类)分泌的抗生素浓度。这种抗生素会抑制其他藻类生长,注水后浓度降低,有利于容易消化的藻类生长繁殖。在生产上,老水型的水质往往在下大雷阵雨以后转为肥水,就是这个道理。

(4)直接增加水中溶氧量。加水可使池水垂直、水平流转,减轻鱼类浮头并增进食欲,有增氧机所不能取代的作用。因此,在配置增氧机的鱼池中,仍应经常、及时地加注新水,以保持水质稳定。此外,在夏、秋高温季节,加水时间应选择晴天,在15:00以前进行。傍晚禁止加水,以免造成上下水层提前对流,而引起鱼类浮头。

2. 防止鱼类浮头和泛池

精养鱼池由于池水有机物多,故耗氧量大。当水中溶氧降低到一定程度(约1mg/L),鱼类就会因水中缺氧而浮到水面,将空气和水一起吞入口内,即浮头。浮头是鱼类缺氧的标志。随着时间的延长,水中溶氧进一步下降,靠浮头也不能满足最低氧气的需要,鱼类就会窒息死亡。大批鱼类因缺氧而窒息死亡,就称为泛池。泛池往往给养殖者带来毁灭性的打击。俗话说"养鱼有二怕,一怕鱼病死,二怕鱼泛池",且泛池的突发性比鱼病严重得多,危害更大,素有"一忽穷"之称。

1)鱼类浮头的原因

(1)因上下水层水温差产生急剧对流而引起的浮头。炎热的夏季晴天,精养鱼池水质浓,白天上下层水溶氧量相差很大,至午后,上层水产生大量氧盈,

下层水产生很多氧债，由于水的热阻力，上下水层不易对流。傍晚以后，如下雷阵雨或刮大风，致使表层水温急剧下降，产生密度流，使上下水层急剧对流，上层溶氧量较高的水迅速对流至下层，很快被下层水中的有机物所耗尽，偿还氧债，致使整个池塘的溶氧量迅速下降，造成鱼类缺氧浮头。

（2）因光合作用弱而引起的浮头。夏季如遇连绵阴雨或大雾，光照条件差，浮游植物光合作用强度弱，水中溶氧的补给少，而池中各种生物呼吸和有机物质分解都不断地消耗氧气，以致水中溶氧供不应求，引起鱼类浮头。

（3）因水质过浓或水质败坏而引起的浮头。夏季久晴未雨，池水温度高，加以大量投饵，水质肥，且水的透明度小，增氧水层浅，耗氧水层高，水中溶氧供不应求，就容易引起鱼类浮头。这种情况下，如不及时加注新水，水色将会转为黑色，此时极易造成水中浮游生物因缺氧而全部死亡，而后水色转清并伴有恶臭（俗称臭清水），往往会造成泛池死鱼事故。

（4）因浮游动物大量繁殖而引起的浮头。春季轮虫或水蚤大量繁殖形成水华（轮虫为乳白色，水蚤为橘红色），它们会大量滤食浮游植物。当水中浮游植物滤食完后，池水清晰见底（渔民称"倒水"），池水溶氧的补给只能依靠空气溶解，而浮游动物的耗氧大大增加，溶氧远远不能满足鱼类耗氧的需要，引起鱼类浮头。

2）预测浮头的方法

（1）根据天气预报或当天天气情况进行预测。如夏季晴天傍晚下雷阵雨，池塘表层水温急剧下降，引起池塘上下水层急速对流，上层溶氧高的水对流至下层，很快被下层水中的有机物所耗尽而引起鱼类严重浮头。夏、秋季节晴天白天吹南风，夜间吹北风，造成夜间气温下降速度快，引起上下水层迅速对流，容易引起浮头。或夜间风力较大，气温下降速度快，上下水层对流加快，也易引起浮头。连绵阴雨，光照条件差，风力小、气压低，容易引起浮头。此外，久晴未雨，池水温度高，加以大量投饵，水质肥，一旦天气转阴，就容易引起浮头。

（2）根据季节和水温的变化进行预测。4—5月水温逐渐升高，水质转浓，池水耗氧增大，鱼类对缺氧环境尚未完全适应，若天气稍有变化，清晨鱼类就会集中在水上层游动，可看到水面有阵阵水花，俗称暗浮头。这是池鱼第一次浮头，由于其体质娇嫩，对低氧环境的忍耐力弱，此时必须采取增氧措施，否则容易造成鱼类死亡。在梅雨季节，由于光照强度弱，而水温较高，浮游植物造氧少，加以气压低、风力小，往往会引起鱼类严重浮头。又如从夏季到秋季的季节转换时期，气温变化剧烈，多雷阵雨天气，鱼类容易浮头。

（3）观察水色进行预测。池塘水色浓，透明度小，或产生"水华"现象，如遇天气变化，容易造成池水浮游植物大量死亡，水中耗氧大增，引起鱼类浮头泛池。

（4）检查鱼类吃食情况进行预测。经常检查食场，若发现饲料在规定时间内没有吃完，而又没有发现鱼病，那就说明池塘溶氧条件差，第二天清晨鱼可能要浮头。此外，可观察草鱼吃草情况。在正常情况下，一般看不到草鱼吃草，而只看到漂浮在水面的草在翻动，草梗逐渐往下沉，并可听到"嘎嘎"的吃草声。如果发现草鱼仅仅在草堆边上吃草，说明草堆下的溶氧已很低了。如发现草鱼嘴衔着草在池中游动，像吃又吃不下，说明池水已经缺氧（据测定，此时的溶氧为 1.67 ～ 2.2mg/L），即将发生浮头。

3）防止浮头的方法

（1）在夏季如果气象预报傍晚有雷阵雨，则可在晴天中午开增氧机。将溶氧高的上层水送至下层，提前降低下层水的耗氧量，及时偿还氧债。这样，到傍晚下雷阵雨引起上下水层急剧对流时，因下层水的氧债小，溶氧就不致急剧下降。

（2）如果天气连绵阴雨，则应根据预测浮头情况，开动增氧机，改善溶氧条件，防止鱼类浮头。

（3）如发现水质过浓，应及时加注新水，以提升透明度，改善水质，增加溶氧。

（4）预测鱼类可能浮头时，根据具体情况，控制投饵量。鱼类在饱食情况下基础代谢高、耗氧大，更容易浮头。如预测是轻浮头，饲料应在傍晚前吃净。如天气不正常，预测会发生严重浮头，应立即停止投饵，已经投下去的草类必须捞出，以免鱼类浮头时妨碍浮头和注水。

4）观察浮头和衡量鱼类浮头轻重的办法

（1）在池塘上风处用手电光照射水面，观察鱼是否受惊。夜间池塘上风处

的溶氧比下风高，因此鱼类开始浮头（俗称起口）总是在上风处。用手电光照射水面，如上风处鱼受惊，则表示鱼已开始浮头；如只发现下风处鱼受惊，则说明鱼正在下风处吃食，不会浮头。

（2）用手电光照射池边，观察是否有螺蛳、小杂鱼或虾类浮到池边。如发现它们浮在池边水面，螺蛳有一半露出水面，标志着池水已缺氧，鱼类已开始浮头。

（3）观察水面是否有浮头水花，或静听是否有"吧咕吧咕"的浮头声。

若鱼类发生了浮头，还要判断浮头的轻重缓急，以便采取不同的措施加以解救，可根据鱼类浮头起口的时间、地点，浮头面积大小，浮头鱼的种类和鱼类浮头动态等情况来判断（表 1-4）。青鱼或草鱼在饱食情况下会比鲢、鳙先浮头。此外，罗非鱼对缺氧条件最为敏感，但该鱼的耐低氧能力很强，故渔民称其为"浮得早，浮不死"的鱼。

表 1-4　鱼类浮头轻重程度判别

起口时间	池内起点	鱼类动态	浮头程度
早上	中央、上风	鱼在水上层游动，可见阵阵水花	暗浮头
黎明	中央、上风	罗非鱼、团头鲂、野杂鱼在岸边浮头	轻
黎明前后	中央、上风	罗非鱼、团头鲂、鲢鱼、鳙浮头，稍受惊动即下沉	一般
半夜 3：00 后	中央	罗非鱼、团头鲂、鲢鱼、鳙鱼、草鱼或青鱼浮头，稍受惊动即下沉	较重
午夜	由中央扩大到岸边	罗非鱼、团头鲂、鲢鱼、鳙鱼、草鱼、青鱼、鲤鱼、鲫鱼浮头，但青鱼、草鱼体色未变，受惊动不下沉	重
午夜至前半夜	青鱼、草鱼集中在岸边	池鱼全部浮头，呼吸急促，游动无力。青鱼体色发白，草鱼体色发黄，并开始出现死亡	泛池

5）解救浮头的措施

如增氧机或水泵不足，可根据各池鱼类浮头情况区分轻重缓急，先用于重浮头的池塘（但暗浮头时必须及时开动增氧机或加注新水）。水温在 22 ~ 26℃鱼类开始浮头后，拖延 2 ~ 3 小时增氧还不会发生危险；水温在

26 ～ 30℃开始浮头 1 小时应立即采取增氧措施，否则青鱼、草鱼已分散到池边，此时再冲水或开增氧机，鱼不易集中在水流处，就容易引起死鱼。

由于池塘水体大，用水泵或增氧机的增氧效果比较慢。鱼类浮头后开机、开泵，只能使局部范围内的池水有较高的溶氧，此时开动增氧机或用水泵加水主要起集鱼、救鱼的作用。因此，用水泵加水时，水流必须平水面冲出，冲得越远越好，以便尽快把浮头鱼引集到这一路溶氧较高的新水中以避免死鱼。在抢救浮头时，切勿中途停机、停泵，否则会加速浮头死鱼。一般开增氧机或用水泵冲水需待日出后方能停止。

发生严重浮头或泛池时，也可用化学增氧方法，起效较快。具体药物可采用复方增氧剂，主要成分为过碳酸钠（$2Na_2CO_3 \cdot 3H_2O_2$）和沸石粉，含有效氧为 12% ～ 13%。使用方法以局部水面为好，将药粉直接撒在鱼类浮头最严重的水面，浓度为 30 ～ 40mg/L，用量为每亩 46kg，一般 30 分钟后就可以平息浮头，有效时间可保持 6 小时。但该药物需注意保存，防止潮解失效。

6）发生鱼类泛池时应注意的事项

（1）当发生泛池时，属于圆筒体型的青鱼、草鱼、鲤鱼大多搁在池边浅滩处；属于侧扁体型的鲢鱼、鳙鱼、团头鲂浮头已经十分乏力，鱼体与水面的角度由浮头开始时 15°～ 20° 变为 45°～ 60°，此时切勿使鱼受惊，否则浮头鱼受惊后一经挣扎，即冲向池中而死于池底。因此，池边严禁喧哗，也不可捞取死鱼，以防浮头鱼受惊死亡。只有待开机开泵后，才能捞取个别未被流水引集而即将死亡的鱼，可将它们放在溶氧较高的清水中抢救。

（2）通常池鱼窒息死亡后，浮在水面的时间不长，即沉于池底。如池鱼窒息时挣扎死亡，往往未浮于水面，而直接沉于池底。此时沉在池底的鱼尚未变质，仍可食用。隔了一段时间（水温低时约 24 小时，水温高时 10 ～ 12 小时）后死鱼再度上浮，此时鱼已腐烂变质，无法食用。根据渔民经验，泛池后一般捞到的死鱼数仅为全部死鱼数的一半，即还有一半死鱼已沉于池底。为此，等浮头停止后，应及时拉网捞取死鱼或人下水摸取死鱼。

（3）发生泛池时，应立即组织两支队伍：一部分人专门负责增氧、救鱼和捞取死鱼等工作；另一部分人负责鱼货销售，准备好交通工具等，及时将鱼货处理好，以挽回一部分损失。

3.合理使用增氧机

增氧机是一种比较有效的改善水质、防止浮头、提高产量的专用养殖机械。目前我国已生产喷水式、水车式、管叶式、涌喷式、射流式和叶轮式等类型的增氧机。从改善水质、防止浮头的效果看，以叶轮式增氧机最好。

1）叶轮式增氧机的作用

（1）增氧作用。叶轮式增氧机一般能向水中增氧 1 ～ 1.5 kg/kW·h。当增氧机负荷水面较大时（例如 0.1 ～ 0.2 hm²/kW·h），平均分配于池塘整个水体的增氧值并不高。因此，对于池塘大水体而言，实际增氧效果在短期内并不显著，只能在增氧机水跃圈周围保持一个溶氧较高的区域，使鱼群集中在这一范围内，达到救鱼的目的。为发挥增氧机的增氧效果，应通过观察预测，在夜间鱼类浮头前开机，防止池水溶氧进一步下降，至天亮因浮游植物开始光合作用，溶氧上升时才能停机。生产上可按 2mg/L 溶氧作为开机警戒线，可以罗非鱼或野杂鱼浮头作为开机的生物指标。如增氧机负荷水面小（例如 0.05 ～ 0.08hm²/kW·h），则池水增氧效果较为明显。

（2）搅水作用。叶轮式增氧机的搅水性能良好，液面更新快，可使池水的水温和溶氧在短期内均匀分布。精养鱼池晴天中午上下水层的温差和氧差最大，此时开机，可以充分发挥增氧机的搅水作用。增氧机负荷水面越小，上下水层循环流转时间越短。

（3）曝气作用。叶轮式增氧机运转时，通过水跃和液面更新，将水中的溶解气体逸出水面。气体逸出的速度与其在水中的浓度成正比。即某一气体在水中浓度越高，开机后就越容易逸到空气中去。因此，开机后下层水积累的有害气体（如硫化氢、氨等）的逸出速度大大加快，此时在增氧机下风处可闻到一股腥臭味。中午开机也加速了上层水溶氧的逸出速度，但由于其搅水作用强，故溶氧逸出量并不高，大部分溶氧仍通过增氧机输送至下层。

2）增氧机的合理使用方法

增氧机目前已在全国各地的精养鱼池中普及推广，但不少养殖户在增氧机的使用上还很不合理，还是采用"不见浮头不开机"的方法，增氧机变成了"救鱼机"，只能处于消极被动的地位。为使增氧机从"救鱼机"变成"增产机"，应采取如下方法。

（1）针对不同天气引起缺氧的主要原因，有的放矢地使用增氧机。晴天翌晨缺氧主要是由于白天上下水层溶氧垂直变化大，而白天下层水温低、密度大，上层水温高、密度小，上下水层无法及时对流。采用晴天中午开机，就是运用生物造氧和机械输氧相结合的方法，充分利用上层水的过饱和氧气，利用增氧机的搅水作用人为克服水的热阻力，将上层浮游植物光合作用产生的大量过饱和氧气输送到下层去，及时补充下层水溶氧，降低下层水的耗氧量。此时上层水的溶氧量虽比开机前低，但下午经藻类光合作用，上层溶氧仍可达饱和。到夜间池水自然对流后，上下水层溶氧仍可保持较高水平，可在一定程度上缓和或消除鱼类浮头的威胁。

晴天中午开机不仅可防止或减轻鱼类浮头，而且也促进了有机物的分解和浮游生物的繁殖，加速了池塘的物质循环。因此，在鱼类主要生长季节，必须抓住每一个晴天，坚持在中午开增氧机，充分利用上层水中过饱和氧气，才能抓住改善水质的主动权。

阴天、阴雨天缺氧，是由于浮游植物光合作用不强，造氧少、耗氧高，以致溶氧供不应求而引起鱼类浮头。此时必须充分发挥增氧机的作用，运用预测浮头的方法，及早增氧。必须在鱼类浮头以前开机，直接改善溶氧低峰值，防止和解救鱼类浮头。

而如果在晴天傍晚开机，使上下水层提前对流，会增大耗氧水层和耗氧量，其作用与傍晚下雷阵雨相似，反而容易引起浮头。阴天、阴雨天中午开机，不但不能增加下层水的溶氧，还降低了上层浮游植物的造氧作用，增加了池塘的耗氧水层，加速了下层水的耗氧速度，极易引起浮头。因此，渔谚有晴天傍晚和阴天中午开机是开"浮头机"的说法。

（2）必须结合当时养鱼的具体情况，运用预测浮头的方法，合理使用增氧机。增氧机的开机时机和运转时间长短不是绝对的，与气候、水温、池塘条件、投饵量、施肥量、增氧机的功率大小等有关。应结合具体情况，根据池塘溶氧变化规律，灵活、合理使用增氧机，如水质过肥时，可采用晴天中午和清晨相结合的开机方法，以改善池水氧气条件。

综上，使用增氧机可以晴天中午开，阴天清晨开，连绵阴雨半夜开，傍晚不开，浮头早开，鱼类主要生长季节坚持每天开为原则。运转时间可根据具体

情况，灵活运用：半夜开机时长，中午开机时间短；天气炎热、面积大或负荷水面大，开机时间长，天气凉爽、面积小或负荷水面小开机时间短等。

3）增氧机的增产效果

合理使用增氧机，在生产上有以下作用：充分利用水体；提高水温；预防浮头；解救浮头，防止泛池；加速池塘物质循环；稳定水质；增加鱼种放养密度和增加投饵量、施肥量，从而提高产量；有利于防治鱼病等。据试验，在相似的条件下，使用增氧机的池塘比对照池净产增长 14% 左右。

4. 采用水质改良机，充分利用塘泥

水质改良机具有抽水、吸出塘泥向池埂饲料地施肥、使塘泥喷向水面、喷水增氧等功能。其增氧、搅水、曝气以及解救浮头的效果比叶轮增氧机差，但在降低塘泥耗氧、充分利用塘泥、改善水质、预防浮头等方面的作用优于叶轮增氧机。而且它能一机多用（抽水、增氧、吸泥、喷泥等），使用效率比增氧机高。

1）水质改良机的作用原理和效果

（1）改善池塘溶氧条件。该机主要以降低池塘有机物耗氧来改善溶氧条件，其降低耗氧的作用原理与叶轮增氧机相似。在晴天中午开水质改良机喷塘泥，是将下层氧债的制造者——塘泥喷到空气和表层高氧水中，促使其氧化分解，使有毒气体迅速逸出，并消除了水的热阻力，使上层的过饱和氧及时地对流至下层，从而改善下层水的溶氧条件，降低了其中的氧债。待夜间对流时，下层实际耗氧量大大下降，至翌天清晨鱼类就不致引起浮头。水质改良机降低氧债的作用比叶轮增氧机更为直接、彻底，改善池塘溶氧速度条件也更有效。

（2）提高池塘生产力。池塘喷泥后，原来淤积在塘泥中的营养物质得到了再循环，塘泥中的有机物质分解速度大大加快，水中营养盐类明显增加。

喷泥后，塘泥颗粒下沉时与细菌、有机物的碰撞频率大大增加，有利于絮凝成食物团，供滤食性鱼类利用。与此同时，这些絮凝物的下沉，又使水的透明度增加（经测定可增加 5 ~ 10cm），增氧水层增大，改善了池水的溶氧条件。此外，大量埋在塘泥中的轮虫休眠卵因喷泥而上浮或沉积于塘泥表层，促进了轮虫冬卵的孵化，轮虫数量大大增加。可见，喷泥后，使原来陷落在"能量陷

阱"——塘泥中的能量重新释放出来,提高了能量利用率。水中营养物质增加、浮游植物大量繁殖,带来了池水溶氧条件进一步改善,这就为建立池塘良性生态系统创造了条件,如此循环往复,既改善了水质,又提高了池塘生产力。

2)水质改良机的使用方法

水质改良机除了用以加水、喷水增氧外,主要用来喷泥和吸塘泥作为种植青饲料的肥料,其中以喷泥改善水质效果最佳。但喷泥的前提是池塘上层水溶氧必须达到过饱和。因此,使用水质改良机喷泥要具备两个条件:一是池水浮游植物达到一定数量,一般要求藻类干重在 0.032g/L 以上;二是白天天气晴朗,一般要求白天最大辐照度在 5 万 lx 以上,以维持藻类的光化学反应,故喷泥或吸泥应选择晴天或晴到多云天气进行。如池水浮游植物数量少,应先施磷肥或其他无机肥料,待浮游植物大量繁殖后再行喷泥。鱼池喷泥应选择晴天中午喷泥 2 小时,最迟应在 15∶00 以前结束,喷泥面积不超过池塘面积的 1/2,以防耗氧过高。如上午天晴,下午转阴,就不能喷泥。否则,傍晚上层溶氧仍很少回升,夜间对流后,池鱼易浮头。

为保持池塘良性循环的生态系统,必须减少塘泥和经常降低塘泥中的氧债,提高池塘物质循环强度。为此,应在鱼类主要生长季节,每月吸一次塘泥,作为塘边饲料地的肥料;每隔 5 ~ 7 天喷一次塘泥,并根据当时的水温、天气、水质和塘泥多少确定喷泥间隔和运转时间。

第二章
主要名优品种养殖技术

第一节　鳜鱼养殖技术

一　概况

人工养殖的鳜鱼是指鳜属中的翘嘴鳜（*Siniperca chuatsi*），俗称季花鱼、桂鱼等。鳜鱼人工养殖开展二十多年来，养殖模式不断更新，从最初的网箱养鳜为主，发展到现在的池塘主养、河蟹池塘混养鳜鱼、湖泊鳜鱼增殖为主。鳜鱼养殖规模不断扩大，尤其是广东省自20世纪90年代初从湖北省引进长江翘嘴鳜，依据其得天独厚的气候和饵料鱼资源，率先实现鳜鱼养殖产业化，已成为我国主要的鳜鱼苗种生产基地和商品鳜鱼养殖基地，全国90%以上的鳜鱼苗种、50%以上的商品鳜鱼市场被广东省占有。2020年全国鳜鱼生产量达37.7万t，产值规模超200多亿元，产量排名前5位的主产区是广东省、湖北省、安徽省、江西省和江苏省。由于鳜鱼消费市场潜力大，养殖经济效益好，因此鳜鱼养殖业今后在我国仍前景良好。

二　常见养殖技术模式

（一）池塘主养模式

1. 鳜鱼早期苗快速养成秋季上市模式

指将武汉地区4月底至5月初早批繁育的鳜鱼苗，通过强化培育，供应充足的饵料鱼，经过4～5个月将鳜鱼快速养成商品鳜，于9月底至10月上旬上市销售，获取高效益。该模式一般亩产量400～500kg，由于销售时间与市场紧密衔接，价格较高，亩产值为25000～30000元，亩利润为6000～10000元。

2. 鳜鱼中期苗养成冬春上市模式

指将 5 月底至 6 月初繁育的中期苗，通过饵料鱼配套投喂，经过 6 ~ 7 个月将鳜鱼养成商品鳜，于 12 月底至翌年初春上市销售，技术要点基本同第一种养殖模式，主要不同点就是饵料鱼配套投喂量 6—9 月比例略低，且 10—12 月还要考虑饵料鱼配套。该模式每亩放养 4 ~ 7cm 规格的鳜鱼种 1000 ~ 1300 尾，产量指标设定在每亩 500 ~ 600kg，由于销售时间主要集中在冬、春，市场价格相对较低，亩产值为 20000 ~ 24000 元，亩利润为 3000 ~ 6000 元。

3. 鳜鱼晚期苗年底养成大规格翌年夏季上市模式

指将武汉地区 6 月底至 7 月中旬繁育的晚期苗，通过饵料鱼配套投喂，经过 10 ~ 12 个月将鳜鱼养成商品鳜，于翌年夏季上市销售，获得高效益。主要技术要点基本同第一种养殖模式，最大不同点就是鳜鱼养殖时间长，饵料鱼配套除 6—11 月采用麦鲮配套外，其他时间还要采用秋白鲢鱼、鲤鱼、鲫鱼等养殖配套，饵料鱼配套难度加大，鳜鱼病害防治难度大。

该模式产量指标一般设定在每亩 500 ~ 600kg，由于销售时间主要集中在春、夏高温季节，此时市场价格处于一年中最高，亩产值为 30000 ~ 35000 元，亩利润为 8000 ~ 12000 元。

（二）池塘混养模式

武汉地区目前比较常见的池塘混养模式有 3 种。

1. 池塘河蟹 - 鳜鱼混养

在河蟹养殖塘内混养鳜鱼的原理是：河蟹养殖池塘水草茂盛、水质好、溶氧高，适宜鳜鱼生长，但两者栖息水层及食性不同，通过营造两者互利共生的生态环境，池塘管理以满足河蟹要求为前提，鳜鱼以池中丰富的野杂鱼虾为食，一方面，降低了野杂鱼与河蟹争食争氧争空间的矛盾，促进了河蟹的生长，提高了河蟹的成活率和养成规格；另一方面，廉价的野杂鱼转化为商品价值高的鳜鱼，从而整体提高了养蟹池塘的经济效益。该模式每亩放养 5 ~ 7cm 鳜鱼种 20 ~ 30 尾，新增鳜鱼亩产量一般在 10 ~ 15kg，新增亩产值 500 ~ 700 元，新增亩利润 400 ~ 600 元。

2. 池塘鳜鱼 – 鲮鱼 – 常规鱼种混养

指在生产常规大规格鱼种的同时，增投当年麦鲮夏花、鳜鱼种，通过培肥水质，投喂饵料，促进规格鱼种和麦鲮的生长，池中鳜鱼以适口麦鲮为食，不断减少池中饵料鱼数量，持续性降低池塘负荷，大程度释放池塘生产力，最终收获大规格鱼种、商品鳜及未消耗完的麦鲮，从而实现池塘增产增收。该模式适合那些面积大（30亩以上），开挖回形沟能够进行种草养鱼的粗养池。该模式鳜鱼亩产量50～100kg，鲢鱼种亩产量100～150kg，剩余麦鲮亩产量50～100kg。亩产值3500～6000元，亩利润2500～3500元。

3. 池塘套养

鳜鱼的套养主要有成鱼池套养和亲鱼池套养两种方式。鳜鱼种放养标准一般为每亩放养3～5cm的鳜鱼40～50尾或8～10cm的鳜鱼15～20尾。具体放养量可根据塘内野杂鱼的数量确定，以充分利用野杂鱼为前提。由于鳜鱼对溶氧量要求比家鱼高，因此要定期注入新水，定时开启增氧机。此外，鳜鱼对某些杀虫药物较敏感，施药时应特别慎重。采用此方法套养鳜鱼，每亩新增鳜鱼产量10～15kg，增收200～300元。

三　池塘条件

鳜鱼养殖池塘条件比常规鱼养殖池要高。良好的养殖鳜鱼池塘应具备以下几方面的条件。

1. 水源和水质

池塘水源方便，水质良好，溶氧量较高（溶氧量大于5mg/L），无污染，排灌方便。

2. 面积和水深

主养鳜鱼池塘面积以5～10亩为宜，面积过大，饵料鱼密度低，不利于鳜鱼捕食，增加了鳜鱼体能消耗，饵料系数变大；面积过小，池塘水质变化快，不利于管理。池塘深度2.5～3m，水深2～2.5m。

3. 池塘形状和周围环境

池形最好为东西向的长方形，这样既便于拉网操作，又能接受较长时间的光照。池塘周围不宜有高大的植物，以免阻挡阳光和风，影响浮游植物的光合作用和气流对水面的作用，从而影响池塘溶氧量。

4. 池塘底质的改良

要求淤泥较少，淤泥厚度在 20cm 以内。每年冬季或鱼种放养前必须干池，清除过多的淤泥，并让池底暴晒，改良底质。鱼种投放前，最好用生石灰清塘，一方面杀灭潜藏于淤泥中的有害致病菌，另一方面有利于提高池水的碱性和硬度，增加缓冲能力。

5. 池塘配套设施

鳜鱼养殖池塘必须配备专用的电路，保证电力充足，供应及时。为方便转运鳜鱼饵料鱼，需配备活鱼转运车。为改善池塘溶氧和水质，每 3 ~ 5 亩池塘需配备一台 1.5kW 增氧机。鳜鱼主养池配备水质监测系统，为科学调控池塘水质提供依据。

四 饲养管理

（一）水质调控

鳜鱼养殖的核心重在水质调控，保持良好水色及充足溶氧是鳜鱼水质调控的目标。

（1）鳜鱼下塘前，要培好水质，水色以嫩绿色为宜，养殖中后期应始终保持"肥、活、嫩、爽"状态。

（2）每 3 ~ 5 亩安装 1 台 1.5kW 增氧机，并适时开启增氧机，保持池水溶氧 5mg/L 以上，避免发生鳜鱼浮头、死鱼事故。晴天 13：00—15：00 开机 1 ~ 2 小时；阴雨连绵、气压低的闷热天气提前开机，并注意通宵开机。一般池塘溶氧最低的时间是 5：00—6：00。

（3）鳜鱼主养池透明度保持 25 ~ 30cm。若水质过肥、藻类生长过盛时，可全池撒施抑藻药物；水质过瘦、发黑时可培肥水质，促进藻类生长，加速水

体的物质循环。

（4）高温季节每隔半月投放调水药物，转化池塘中过多的有机物质，降低氨氮、亚硝酸盐氮、硫化氢等有害物质，减少应激因子，增强鱼体抵抗力。

（5）通过观察鳜鱼粪便的形状、颜色差异掌握鳜鱼生长状况。粪便黏着度高、呈长条状、灰白色、疏松较好；粪便呈颗粒状、不均匀、颜色过浅或过浓时，说明鳜鱼生长状况不佳，多由水质不良引起，建议视具体情况改良水质。

（6）如发现鳜鱼出现中毒症状（如吐食、粪便稀短），可全池撒施水质改良剂，消除水体有害因子，缓解应激状态。

（7）如池塘饵料鱼多，鳜鱼摄食状态不佳，说明池塘水质不佳或鳜鱼已患病，须取样镜检观察，以便对症下药。

（二）投饲管理

鳜鱼养殖成本 70% 由饵料鱼决定，而且鳜鱼饵料鱼要求鲜活、规格大小适口，因此鳜鱼养殖过程中饵料鱼配套难度大，直接关系到养鳜成败。

1. 饵料鱼配套

根据鳜鱼养殖规模的大小，预先对全年各个阶段所需饵料鱼的数量和规格制订周密、细致的生产计划和具体实施方案，以保证做到饵料鱼数量充足、体质健壮、规格适口、供应及时。简单概算全年所需饵料鱼重量的方法为：计划出售时商品鳜的个体重量，减去放养时鳜鱼种的个体重量，得出每尾鳜鱼在饲养过程中新增的个体重，然后乘以放养时鳜鱼种的总尾数，乘以鳜鱼种成活率（60% ～ 80%），再乘以饵料系数（4 ～ 5），即得出全年所需饵料鱼的重量。

2. 饵料鱼投喂技术

（1）投饵量。投饵量的多少随着水温的变化而变化。一般规律是春少、夏多、秋渐减。不同季节，鳜鱼的摄食率不同，6—7 月为 20% ～ 30%；8—9 月为 20% ～ 25%；10—11 月为 5% ～ 10%。在冬季的低温期，鳜鱼不停食，仍会少量摄食。

（2）饵料鱼规格。合适的饵料鱼规格，既要便于鳜鱼的猎捕和吞食，又不能太小。饵料鱼太小，不仅不经济，还会导致鳜鱼频繁捕食，消耗更多的体能。因此，在饵料鱼生产环节，尽量做到规格适口（表 2–1）。

表 2-1 不同规格鳜鱼适口饵料鱼规格（cm）

鳜鱼全长	3 ~ 7	8 ~ 14	15 ~ 20	21 ~ 25	26 ~ 35
饵料鱼全长	2 ~ 4	4.5 ~ 7	7.5 ~ 10	10 ~ 13	13 ~ 16

（3）饵料鱼投喂频率。一般在 6—9 月鳜鱼生长旺季，每 3 ~ 5 天拉网投喂 1 次；10 月以后可降至 10 ~ 15 天拉网投喂 1 次。

（4）饵料鱼消毒。饵料鱼在投放前 1 ~ 2 天，可对饵料鱼鱼塘进行杀虫杀菌消毒处理；饵料鱼进池前须浸泡消毒，可选用聚维酮碘等，以避免将寄生虫或病原微生物带入鳜鱼塘。

五 病害防治

（一）预防措施

鳜鱼生活于水体底层，患病后难察觉症状，一旦浮于水面显现症状时，就已进入疾病的中晚期，治疗难度较大，因此，应设计健康科学的养殖模式，保持池塘生态系统的动态平衡，预防疾病发生。

（1）彻底清塘。冬季暴晒池底，清除过多淤泥。在鳜鱼种下塘前，采用生石灰或漂白粉清塘。

（2）合理密养。放养密度应根据池塘环境条件、养殖技术水平、饵料鱼的充足与否、资金投入等因素而定。湖北地区鳜鱼苗种放养量以 800 ~ 1200 尾 / 亩为宜。

（3）加强水质管理。鳜鱼养殖的核心重在水质调控，保持良好水色及充足溶氧。

（4）把好饵料鱼关。饵料鱼应规格适口，无病无伤，供应量充足均衡。

（5）不滥用药物。避免使用强刺激性、高危害、高残留等违禁药物。

（6）选用抗病力强的苗种。从正规苗种生产厂家选购生长速度快、抗病力强的鳜鱼种。

（7）做好隔离措施。一旦发病，应严格避免饵料鱼、水源、工具等相互传染。

（二）常见病害诊断与治疗

1. 车轮虫、斜管虫病

病原体：车轮虫、斜管虫。

病因：由车轮虫、斜管虫寄生引起。在池塘过小、水体过浅、水质过肥或过瘦、饵料鱼不足、放养密度过大，尤其是连续阴雨天气极易发生，水温28℃以下时，危害各种规格鳜鱼。

流行时间：一年四季均可发病，严重寄生时，可引起鳜鱼苗种的大批死亡。

症状：少量车轮虫、斜管虫寄生在规格较大的鱼体上时，没有明显的症状。当大量车轮虫、斜管虫寄生于苗种鳃、体表、鳍条等处时，引起寄生部位黏液分泌增多，病鱼呼吸困难，喜在进水口或增氧机附近游动；由于大量车轮虫、斜管虫在鱼体体表和鳃部不断移动，造成寄生处上皮细胞受损，使部分甚至全部鱼体变成灰白色。当大量寄生、病程较短时，鳃部附着淤泥，没有腐烂，淤泥与鳃丝界限清晰；当少量寄生、病程较长时，鳃丝末端腐烂，鳃丝与淤泥混淆。在水中可观察到病鱼体色发黑、消瘦，离群独游。

防治方法：①全池泼洒 0.7g/m³ 的硫酸铜和硫酸亚铁合剂（5∶2）进行治疗。②用 2% 食盐溶液浸洗病鱼 15 分钟以上，或用 3% 食盐溶液浸洗 5 分钟以上。③用苦楝树叶浸沤于苗种池，用量为 225kg/hm²。7~10 天换一次，连续 3~4 天可预防。④通过调控水质，培养多种浮游生物，不让车轮虫在水体成为优势物种，用生态食物链的方式控制这类纤毛虫。⑤改良水体环境，降低氨氮。⑥存在大量虫体的情况下，可以用杀虫药沿塘边泼洒，不建议全池杀虫。

2. 指环虫病

病原体：指环虫。

病因：由指环虫寄生引起，流行于春末夏初，靠虫卵及幼虫传播，主要危害苗种。大量寄生时可引起苗种大批死亡和成鱼零星死亡，并极易继发感染细菌及病毒病。

症状：当虫体少量寄生在鳜鱼鳃上时，没有明显的症状；当大量寄生时，病鱼鳃丝黏液增多，全部或部分充血发紫，鳃盖张开，鳃丝肿胀、呈块状腐烂，腐烂部位充塞淤泥。由于指环虫有聚居的特性，翻开鳃盖，在阳光下肉眼可见白色虫体，并有蠕动感。在显微镜下，一片鳃观察到 5 ~ 7 个寄生虫时，即可诊断为该病。发病鱼一般在鱼塘中较难观察到，死亡鱼直接浮于水面。该病的发生与病毒病的发生有较为密切的关系。

预防方法：放养鳜鱼的鱼塘用生石灰清塘。鳜鱼种放养前用 2 mg/kg 的高锰酸钾溶液浸洗 15 ~ 30 分钟，以杀灭寄生在体表的指环虫。

防治方法：①鱼种放养前，用 15 ~ 20g/m³ 浓度的高锰酸钾水溶液药浴 15 ~ 30 分钟，以杀死鳜身上寄生的指环虫。②青蒿、苦参、辣蓼、五倍子等天然植物提取物中药合剂对指环虫有一定杀灭作用，低毒、安全，不易产生耐药性。

3. 细菌性烂鳃病

病原体：柱状黄杆菌。

病因：水质不清新、有机质较多、淤泥深、氨氮含量高、寄生虫寄生后引起鳃组织损伤等因素均可引发该病。流行水温 15 ~ 30℃，水温越高越容易暴发流行，导致患病死亡的时间也就越短。在广东一年四季均可发病，流行高峰为 5—7 月。从鱼种至成鱼阶段均可发病，患病后的鳜鱼死亡率可达 20% ~ 80%。

症状：初期，鳃丝末端充血，略显肿胀，使鳃瓣前后呈现明显的鲜红和乌黑的分界线；继后，鳃丝末端出现坏死、腐烂，甚至软骨外露，鳃瓣末端附着淤泥，形成明显的泥沙镶边区，鳃丝与淤泥模糊不清。如遇阴雨天低温天气，极易感染真菌，形成典型的鳃霉症状。发病鱼死亡之前，一般很少漫游，体色也较正常，濒临死亡的鱼一般易"贴边"。因该病的症状表现易与车轮虫、斜管虫病混淆，因此须通过镜检采取排除法确诊。

防治方法：①用 25g/m³ 生石灰或 0.75g/m³ 漂白粉加 0.3g/m³ 硫酸铜兑水后全池泼洒，效果较好，用药 3 天后更换 1/4 ~ 1/3 的池水。②将大黄搅碎并以 0.3% 的氨水浸泡过夜，然后全池泼洒，使池水中大黄的浓度达到 2.5 ~ 4mg/L。③撒施五倍子，使其浓度达到 2 ~ 4mg/L。④在发病季节，每月全池撒施生石灰 1 ~ 2 次，用量视饲养水的 pH 值而定。定期用漂白粉挂篓。

4. 肠炎病

具体分为病毒性肠炎、细菌性肠炎、急性肠炎、套肠性肠炎。

病原体：嗜水气单胞菌。

病因：肠型点状单胞菌引起，因饵料鱼不洁带菌或规格过大，食用后擦伤肠壁引起感染所致。

发病症状：患病的鳜鱼苗幽门后部至肛门充血红肿，早期排丝状淡黄粪便，晚期整个肠腔肿胀，显紫红色，排泄物浓稠状，不久离群独游死亡。

流行情况：主要危害鳜鱼夏花。

防治方法：①选择适口饵料鱼。②做好饵料鱼的消毒工作，投喂时用10%食盐水浸洗鱼体。

5. 鳜传染性脾肾坏死病

引发鳜鱼病毒病的病毒目前发现的共有4种：鳜传染性脾肾坏死病毒（ISKNV）、鳜蛙虹彩病毒（MRV）、鳜弹状病毒（SCRV）和病毒性神经坏死病毒（VNNV）。鳜传染性脾肾坏死病毒是最常见、危害最大的一种，致死性强，发病急，死亡时间集中。

发病症状：病鳜嘴张大，鳃变白张开，呼吸加快加深，身体失去平衡；部分病鱼体色变黑，有时有抽筋样颤动。200g以下的鳜鱼解剖时常见有腹水。脾脏肿大、糜烂、充血，呈紫黑色；肾脏肿大、充血、溃烂，呈暗红色。大部分鱼鳃贫血，呈苍白色，而有时伴有寄生虫寄生或细菌感染呈现出血、腐烂等现象。

ISKNV在鳜鱼体内可长期潜伏，流行高峰期鳜鱼10天内死亡率高达90%。在水温25～34℃时发生流行，最适流行温度为28～30℃，水温低于20℃不会发病。气候突变和气温升高、水环境恶化，是诱发该病大规模流行的重要因素。

防治方法：鳜鱼携带病毒不一定会发病，发病时病情严重程度也不一样，有的比较急性的3～5天就会大量死亡，这种不建议养殖户保守治疗；有的发病不太急的5～10天会大量死亡，可以考虑保守治疗或调水控制。

鳜鱼苗种培育阶段：①采用PCR技术检测隐性带病毒亲本鱼并处理，切断亲本向苗种的垂直传播途径。②定期检测水质常规指标是否超标，每隔7～10天撒施一次微生态制剂（如芽孢杆菌或乳酸菌制剂，可在水体和鱼肠道定植），改善水质。

鳜鱼成鱼养殖阶段：①在鳜鱼鱼种放养前用 3% ~ 5% 食盐或 1% 的聚维酮碘消毒，下塘时全池泼洒一次水产用维生素 C 泼洒剂，减小应激反应。②养殖过程中使用微生态制剂调节水质。尤其是在高温季节，每隔 10 ~ 15 天撒施一次光合细菌或芽孢杆菌制剂，补充水体中有益菌群数量。③注重日常管理，如勤开增氧机，保持水体溶氧充足；实行科学的饲养管理；根据水域和流域情况及自然屏障实施区域管理。④发现患病鱼必须销毁，并对养殖水体、工具、场地等进行消毒。

六 案例分析

1. 翘嘴鳜养殖实例

武汉康丰源特种水产养殖有限公司养殖鳜鱼 65 亩，配套饵料鱼麦鲮养殖 79.38 亩。每年的翘嘴鳜亩产量稳定在 600 ~ 650kg，总产量超过 40t。

2021 年 5 月 10 日前后在鳜鱼池、饵料鱼池投放麦鲮水花，每亩投放 200 万尾，3.5 元 / 万尾。6 月初投放鳜鱼苗种，规格为 3 ~ 4cm，每亩投放 2000 尾，1.3 元 / 尾。鳜鱼投放下塘后，以原塘培育的麦鲮为主要饵料。根据鳜鱼塘中饵料鱼剩余情况，适时拉网补放麦鲮到鳜鱼养殖池。根据生产季节、鳜鱼规格、存活率、饵料鱼剩余情况等因素适时适量投放饵料鱼。在高温季节，饵料鱼投放频率为 2 ~ 3 天一次，少量多次投放，避免存塘量过大引起缺氧。麦鲮不耐低温，应在 11 月前应利用完毕，11 月之后以低价的小鲫鱼等为主要饵料。65 亩池塘的翘嘴鳜总产量 43593kg，总产值 258.62 万元。

共投入资金 145.14 万元，直接生产费用 126.99 万元，其中，养殖麦鲮饲料成本 50.65 万元，购买饵料鱼 26.36 万元，池租、水电成本 13.76 万元，人工成本 5.52 万元，肥料、药品成本 7.95 万元。建设费用 11.84 万元，其他生产费用 6.31 万元。

利润共计 113.48 万元。鳜鱼主养池亩利润 17458.46 元。

2. 华康二号鳜鱼养殖实例

武汉市鑫鳜源生态农业科技有限公司占地近 400 亩，其中养殖水面 327 亩，商品鳜鱼养殖水面 45 亩，陆基流水槽 4 条（1000m³），配套饵料鱼麦鲮养殖水面 82 亩，饵料鱼不足时从外部采购。每年鳜鱼池塘亩产量稳定在 650～750kg、流水槽产量稳定在 4t 以上，总产量超过 50t。

2021 年 5 月中旬投放麦鲮水花，鳜鱼精养池每亩投放 200 万尾，饵料配套池塘每亩投放 150 万尾，平均价格 3.5 元／万尾。6 月 10—15 日分批次投放华康二号鳜鱼苗种，规格为 4～5cm，每亩投放 1500～2000 尾，平均价格 1.2～1.5 元／尾。鳜鱼苗下塘后 20～25 日内，以同池配套培育的鲮鱼夏花为主要饵料，后根据鳜鱼精养池塘中饵料鱼存塘的多少，适时从饵料配套池塘拉网或外采鲮鱼投喂到精养池塘。

在整个养殖过程中，根据具体的生产季节、鳜鱼生长状态、预估存活率、饵料鱼丰歉等因素，及时适量补充投放饵料鱼，使池塘中鳜鱼与饵料鱼的配套保持在合理的动态负荷范围内。在 7—9 月高温季节，饵料鱼的补充投放以量少次多为宜，最好是 3～4 天补一次，使池塘负荷保持在相对最佳状态，避免饵料鱼因时段性存塘量过大从而引发夜晚缺氧，出现吐食或泛塘现象，造成不必要的损失。湖北地区鲮鱼的使用要在 11 月中旬前结束，之后以低价的小白鲢等作为饵料补充。

45 亩池塘加四条流水槽商品鳜总产量 51.2t，池塘亩产量 710.5kg，每口流水槽产量 4.05t，总产值 358.4 万元。共投入资金 225.28 万元（包括鱼苗、饵料鱼、动保、设备、水电及人工），利润达 133.12 万元。鳜鱼主养池亩利润 18473 元，流水槽利润 421 元／m^3。

第二节　大口黑鲈养殖技术

一　品种介绍

大口黑鲈喜栖息于沙质或沙泥质且混浊度低的静水环境中，尤其喜欢群栖于清澈的缓流水中，在自然环境中可以自然繁殖。适温范围广，水温 1 ~ 36℃ 均能生存，12℃ 以上开始摄食，最适生长水温 20 ~ 25℃。当年繁殖的鱼苗可生长成 0.4kg 以上的商品鱼，大的可达 0.75kg，第二年达 1.5kg，此后生长逐步减缓。珠江水产研究所选育的"优鲈 1 号""优鲈 3 号"新品种，在同塘投喂人工饲料的养殖条件下，"优鲈 3 号"的平均体重比普通品种提高了 36.74%，在池中套养或鱼塘中混养，也能有效地控制鱼塘中野杂鱼虾的数量。

二　苗种培育

大口黑鲈是以肉食性为主的鱼类，掠食性强，摄食量大，常单独觅食，喜捕食小鱼虾。当水质良好、水温 20℃ 以上时，幼鱼摄食量可达总体重的 50%，成鱼达 20%。食物种类依鱼体大小而异。孵化后一个月内的鱼苗主要摄食轮虫和小型甲壳动物。鱼苗全长达 5 ~ 6cm 时，大量摄食水生昆虫和其他鱼苗；全长达 10cm 以上时，常以其他小鱼作为饵料。

（一）水泥池苗种培育

水泥池面积以 50m^2 左右为宜，水深 0.8 ~ 1m，透明度在 45cm 以上，溶解氧在 5mg/L 以上。放养的密度视排灌水的条件来定。水源充足、水质优良，能经常冲水、具微流水的培育池，放养 2cm 以下的鱼苗 300 ~ 500 尾 /m^2，2 ~ 3cm 的鱼苗 200 ~ 300 尾 /m^2，3 ~ 4cm 的鱼苗 100 ~ 200 尾 /m^2，不能冲水的要适当降低放养密度。以人工投饵为宜，1cm 左右的鱼苗，可投喂轮虫、小型水蚤或人工配合饵料；1.5cm 左右的鱼苗，可投喂大型水蚤；长至 2cm 时，可喂丝蚯蚓，稍大时还可投喂小鱼虾。在 2cm 时可开始驯食，使大口黑鲈苗集中于池

的一角取食。如驯食顺利，则可将食物由活饵改为切碎的野杂鱼肉或鲈鱼专用配合饲料。整体鱼苗规格达到 3cm 左右及时筛选转入池塘养殖。

（二）池塘苗种培育

以面积 0.5 ~ 1 亩，水深 1 ~ 1.5m 的池塘为宜。鱼苗下塘前约 10 天用生石灰茶粕或漂白粉干法清塘，每亩用生石灰 60 ~ 80kg 或茶粕 15 ~ 20kg。清塘后施肥水宝或发酵过的粪肥来增加提高肥度，培育浮游动物作为鱼苗的开口饵料，浮游动物的密度应适中，密度太小满足不了鱼苗生长所需的营养，密度太大对水环境的耗氧增大，不利于鱼苗的生长，甚至会引起鱼苗缺氧而死亡。因此，要控制水质的肥瘦。投放苗种前要用鳙鱼或大口黑鲈苗试水，检验鱼塘无毒性后，才可放养鱼苗。一般每亩放养 2 ~ 3cm 的大口黑鲈苗 3 万 ~ 5 万尾。经过 20 天左右的培育，可拉网筛选分池养殖。

三　成鱼养殖

（一）池塘养殖

1. 鱼塘混养

在不改变原有池塘主养品种条件下，增养适当数量的大口黑鲈，既可以清除鱼塘中野杂鱼虾、水生昆虫、底栖生物等，又可提高鱼塘的经济效益，是一举两得的养殖方法。一般每亩放养 30 ~ 40 尾，不用另投饲料，年底每亩可收获 15 ~ 20kg 大口黑鲈成鱼。如鱼塘条件适宜、野杂鱼多，大口黑鲈混养密度可适当加大，但不要同时混养乌鳢、鳜鱼、鳡鱼等肉食性鱼类。

混养时必须注意：①池水不能太肥。②放养量要适当。③混养初期，主养品种规格要大于鲈鱼规格 3 倍以上。④大口黑鲈特别是幼鱼对农药较为敏感，用药要注意安全。

2. 鱼塘主养

（1）鱼塘要求。鱼塘应水源充足，排灌方便，不漏水，水深 1.5m 以上，水质良好，无污染，底质为壤土。面积不宜过大，以 1 ~ 2 亩为宜。配备增氧机。

（2）放养密度。一般每亩投放 30 ~ 50g/ 尾的大口黑鲈苗 2000 ~ 2500 尾，条件、设备好的鱼塘每亩可放 3000 ~ 4000 尾。适当混养鲢鱼、鳙鱼，以帮助调节水质。

（3）饲料投喂。大口黑鲈对蛋白质要求较高，要求饲料粗蛋白质含量 45% ~ 50%，生产上可投喂大口黑鲈全价配合饲料。投饵通常分上午、下午各一次，水温在 20 ~ 25℃时，日投饲率为 2% ~ 5%，但要视鱼的摄食、活动状况及天气变化灵活掌握。

（4）日常管理。每天都要巡视养鱼池，观察鱼群活动和水质变化情况，避免池水过于混浊或肥沃，透明度以 30cm 为宜，以便及时发现问题，采取措施解决。因幼鱼对农药尤为敏感，极小剂量即可造成全池鱼苗死亡，必须十分注意，防止农药、有害物质、生活污水等流入池中。避免长期使用单一饲料，饲料中应添加维生素、矿物质、大蒜素、保肝护胆类药物，以维持正常的营养要求。及时分级养殖，约 2 个月筛选一次，把同一规格的鱼同池放养，避免大鱼吃小鱼。分养工作应在天气良好的早晨进行，切忌天气炎热或寒冷时分养。

（二）循环水养殖

循环水养殖是在高密度养殖的过程中引入水处理工艺，实现了养殖增产和尾水净化兼顾的目标，具有低碳、高效的优点，是传统池塘养殖业转型升级的一个重要方向，有助于水产养殖业的健康可持续发展。

循环水养殖模式繁多，目前有跑道、集装箱、水泥池、玻璃钢桶、帆布池等模式，养殖户可以根据自己的经济状况和环境条件选择适合的养殖模式。循环水养殖具有投资大、风险高、收效高的特点，所以日常管理及硬件配套至关重要。循环水养殖放养大口黑鲈密度一般控制在 450 ~ 500 尾 /m³，放养规格为 30 ~ 50g/ 尾，投饲方法可以参考池塘养殖。

四　病害防治

大口黑鲈对疾病抵抗力较强，养殖时较少患病。但由于集约化养殖密度过大、投喂不当、高温会使鲈鱼产生热应激，可并发一些消化道、肝胆疾病，以及寄生虫、细菌感染。现将常见的鱼病及防治方法介绍如下。

1. 水霉病

病原体：霉菌孢子。

症状：患部有棉丝状白色绒毛，病鱼食欲不振，离群独游、常在水表层游弋，终至死亡。

流行情况：水霉菌广泛存在于水域中，在 10 ～ 20℃ 最易生长，通常入侵有外伤、鳞片脱落、感染寄生虫的鱼体，从鱼卵到成鱼都有可能感染。

防治方法：苗种下塘前用聚维酮碘溶液（200mg/m³）或高锰酸钾溶液（200mg/m³）浸泡。用食盐（5g/m³）和小苏打（8g/m³）混合后全池撒施。

2. 烂鳃病

病原体：嗜纤维黏细菌。

症状：鳃丝腐烂并带污泥，严重时鳃丝软骨外露，鳃盖内表皮被腐蚀。病鱼离群独游水面或池边，反应迟钝，食欲减退或拒食，呼吸困难，体色变黑，鳃瓣腐烂发白。

流行情况：水温 15℃ 以上开始发生和流行，主要由嗜水气单胞菌、爱德华氏菌引起。

防治方法：每 100kg 鱼用 2 ～ 5g 恩诺沙星拌饵投喂。同时用漂白粉（1g/m³）或二氧化氯（0.3g/m³）全池泼洒，在晴天下午每亩用生石灰 25kg 化水全池泼洒。

3. 肠炎病

病原体：肠型点状产气单胞菌。

症状：病鱼鳞片疏松并竖起，基部发红，腹部膨大、腹腔积水、肠壁充血，严重时肠呈紫红色，肛门红肿突出；肠内一般无食，充满淡黄色黏液或脓血。

流行情况：水温 15℃ 以上可以大量繁殖并流行。

防治方法：按 100kg 鱼用 5 ～ 10g 盐酸多西环素拌饵投喂，连续 6 天；或每亩用三黄散（水深按 1.5m 计算）150g 与聚维酮碘溶液 200mL 混合后全池泼洒，连用 3 ～ 5 天。全池泼洒漂白粉，按 1.5m 水深计算，每亩使用 100g，化水后全池泼洒。

4. 车轮虫病

病原体：车轮虫。

症状：病鱼体黑而瘦，食欲减退或不摄食，群游于池边。大量寄生时，鳃组织分泌大量黏液，鳃丝发白腐烂，严重时在池边漫游最后死亡。

流行情况：此病在 4—5 月最为流行，对鱼苗、鱼种危害较大。该病传播速度快，感染率高，感染强度大，且易发生继发感染。

防治方法：加大换水以改善水质。苗种入池前用 3% 食盐水浸洗 3 ~ 5 分钟，同时注意放养密度并保持水质清新；按 1.5m 水深计算，每亩用 700g 硫酸铜和硫酸亚铁合剂（5∶2）全池泼洒。

5. 小瓜虫病

病原体：小瓜虫。

症状：病鱼体表头部、躯干和鳍条处黏液明显增多，与虫体混在一起，似有一层薄膜，肉眼可见很多小白点。鱼体消瘦、发黑，游动缓慢，鳃部、体表皮肤黏液增多，鳃上皮及体表皮肤产生白色的胞囊。

流行情况：水温 15 ~ 20℃时小瓜虫幼虫极其活跃，最为流行，对鱼苗、鱼种危害较大。

防治方法：放苗前用生石灰彻底清塘消毒，掌握合理的放养密度可以减少此病的发生概率。每立方米水体用辣椒 0.55g 和干姜 0.4g 加水煮沸后全池泼洒，或每亩用 4kg 食盐全池撒施。

6. 虹彩病毒病

病原体：虹彩病毒。

症状：病鱼体色变黑、鳃盖张开及鳃部出血，腹部膨胀、眼睛突出，解剖后有明显的贫血症状，血液稀薄、色淡，肝脏颜色偏淡且有白斑，肠胃空。

流行情况：虹彩病毒可感染淡水养殖鱼类和海水养殖鱼类，感染后死亡率达 50% ~ 100%。

防治方法：虹彩病毒系全身性、系统性感染，病毒对鱼体上皮组织和内皮组织亲嗜性较强，对脾脏、肾脏等鱼类造血器官和组织的破坏尤为严重，从而导致病鱼贫血、多器官衰竭而死亡。目前对于此病还没有特效药物，主要以预防为主。选择健康的亲本鱼进行人工繁殖。发现病鱼要及时隔离，进行无害化处理，养殖设施、工具也要消毒。避免养殖密度过高，提高饵料蛋白质含量，

保持良好的水质，投喂免疫增强剂、益生菌等以提高鱼体自身免疫力。

7. 弹状病毒病

病原体：弹状病毒。

症状：感染弹状病毒的鱼死亡有一定的规律，一般先打转儿、攒动，表皮颜色变深，并有跳跃现象，号称"死亡之舞"，随之呆滞地聚在岸边水域，陆续出现死亡。病鱼鳍、身体腐烂，停止摄食，在水面漫游，严重者体色发黑。解剖后可发现鳃有少量出血点，肝脏严重肿大、充血，呈"花肝"，肾脏肿大，胃肠空、无食，其他组织器官无明显变化。

流行情况：水温较高时（25～30℃）发病；池塘水体氨氮、亚硝酸盐含量很高，至少超出标准养殖水质的2倍以上；养殖密度较大，投料量也很大；个别池塘出现大量蓝藻。

防治方法：病毒病难以用药治疗，目前可以采取综合防治的办法控制病毒病，如选择优质苗种、降低养殖密度、高温时要注意调节水质、不要投太多饲料。当然，预防工作最重要，早期可以用一些刺激性小的消毒剂，使用氟苯尼考加三黄粉加维生素C等预防病害发生。平时要有防病的意识，可以用一些中草药加多维拌料投喂以增加免疫力。一旦病毒病暴发马上停止投料，也不要用药，只能静待发病高峰过去。疫后的处理工作也很重要，死鱼应进行无害化处理；池塘要带水彻底消毒，未消毒的池水或刚用药不久的池水不能随意排放；发过病的池塘要翻塘、晒塘。

五　案例分析

"优鲈3号"成鱼养殖实例

武汉市天健农业发展有限公司夏庙鲈鱼养殖基地，池塘养殖面积31亩、水深3m，养殖鲈鱼成鱼。配有50kW发电机组一套、三相2.2kW的增氧机10台、投喂机4台、2kW拌料机一台。

2021年3月16日投放"优鲈3号"鲈鱼苗，3500尾/亩，规格40～55尾/kg，总重量1205kg，总投放鲈鱼苗约11万尾。鱼苗下塘1周内进行抗应激、消毒、解毒、调水、保健、投喂等日常养殖管理。投喂0.8mm颗粒饲料2周，随后根据生长规格调整投喂饲料的粒径，日常进行增氧、调水、改底等养殖管理。

9月16日至10月26日销售鲈鱼成鱼51.5t，总销售收入142万。

总生产直接费用合计93.8万元，具体为：①鲈鱼苗成本17.6万元，成活率93.6%。②饲料成本60万元（56.9t），饲料系数1.035。③养殖用药、消毒、动保成本约3.2万。④电费3.3万元（含发电机用费）。⑤低耗、维修费1.6万元。⑥人工成本8.1万元。

总利润约48.2万元，每亩平均利润1.55万元。

第三节　黄颡鱼养殖技术

一　概况

黄颡鱼是我国淡水水体分布较广的小型经济鱼类，其肉质细腻、味道鲜美、营养丰富，是餐桌上的美味佳肴。过去市场上的黄颡鱼主要来源于湖泊、水库、河流等自然水域，但由于天然产量逐年下降，市场需求量不断增大，特别是韩国市场的需求（商品鱼出口），极大地刺激了养殖业的发展。我国黄颡鱼大规模养殖有 10 余年的历史，养殖较为发达地区主要是湖北、四川、辽宁、江苏和浙江等。黄颡鱼的苗种生产已由采捕天然苗种向人工催产孵化、大规模培育苗种方向发展。黄颡鱼的商品鱼饲养方式主要有池塘养殖、网箱养殖和稻田养殖，其中池塘精养是黄颡鱼商品鱼主要生产方式，高产池亩产超过了 800kg。黄颡鱼池塘精养模式、鱼病防治等取得了成功，为黄颡鱼大规模人工养殖奠定了基础。

二　养殖模式

（一）池塘主养

投放夏花鱼种，时间一般在 4 月下旬至 6 月上旬，冬片放养时间在 11—12 月。夏花鱼种直接养殖成鱼模式放养规格为每亩放养体长为 3 ~ 5cm 的鱼种 6 万 ~ 8 万尾；大规格鱼种养殖成鱼模式放养规格为每亩放养体重为 10g 的鱼种 6000 ~ 8000 尾；池塘主养亩产量约 750kg，产值约 18000 元 / 亩，效益约 5000 元 / 亩；池塘套养亩产成鱼 40 ~ 50kg，亩增效约 1000 元。

（二）池塘套养

鱼池中套养黄颡鱼具有以下优点：①可以摄食池中低值小杂鱼虾、鱼类残饵、有机碎屑、浮游动物等，提高鱼池净产量。②摄食水体中锚头鳋等寄生虫，减少鱼病的发生。③在不影响主养品种产量的基础上，每亩增产黄颡鱼 10 ~ 15kg，亩增效约 200 元。池塘套养主要有以下三种形式。

1. 成鱼池套养

养殖四大家鱼的鱼池和主养吃食性鱼类（如鲤鱼、鲫鱼、罗非鱼等）的鱼池均可混养黄颡鱼。鱼池面积 10 ~ 20 亩，水深 2 ~ 2.5m，水源充足，水质良好，排灌方便。一般每亩放体长 3 ~ 4cm 的黄颡鱼 400 ~ 500 尾，每亩可增产黄颡鱼 7.5 ~ 10kg。

2. 亲鱼池混养

亲鱼池混养不仅可以充分利用池塘的水体空间，提高鱼池利用率，而且黄颡鱼可以摄食池中的一些争食耗氧的小型野杂鱼类。人工繁殖结束后，每亩放养体长 2 ~ 3cm 的黄颡鱼 400 ~ 600 尾，每亩可增产黄颡鱼 8 ~ 10kg。

3. 成蟹池混养

蟹池中混养黄颡鱼，可以充分利用蟹池中天然饵料生物资源。一般蟹池面积 30 ~ 50 亩，水草覆盖率约 50%。蟹种放养后，每亩放养体长 3 ~ 5cm 的黄颡鱼 300 ~ 500 尾，可增产黄颡鱼 7.5 ~ 10kg。

三　池塘条件

黄颡鱼对池塘虽无严格的要求，但为了有利于生长、发育和饲养管理，在选择池塘时，要求交通便利，池底平坦、硬底质、保水性能好，此外，应水源充足、水质清新无污染、排灌方便，一般主养池塘面积为 3 ~ 5 亩，水深以 1.5 ~ 2m 较为理想，最好不选淤泥厚的老化池塘。每个池塘都须有可控制的进、排水口，并配备 1 台 1.5 ~ 3kW 的增氧机。

四　饲养管理

（一）池塘清整

池塘必须每年清塘 1 次，以清除池塘中的野杂鱼，杀死敌害生物和病原体，改良池塘的水质。如果是老塘，则要清除池塘底部的淤泥。作为养殖黄颡鱼的池塘，不论是新开挖的池塘还是老塘，在下池前都要进行池塘消毒。池塘清塘消毒较常用的药物有生石灰、漂白粉。

1. 生石灰清塘

（1）生石灰干法清塘。先将池中的水放干，或留有 6 ～ 9cm 深的水，然后每亩施用 50 ～ 60kg 生石灰。操作时，先在池底挖几个小坑，再把生石灰放入挖好的小坑中乳化，不待生石灰冷却，立即均匀地全池遍洒。用生石灰清塘后，一般经过 7 ～ 8 天药力消失，即可放鱼。

（2）生石灰带水清塘。池塘留有深 1m 的水时，每亩施用生石灰 130 ～ 150kg。操作时，先将生石灰放入木桶或水缸中乳化，乳化之后立即全池遍洒。用此种方法清塘可以不必加注新水，能有效防止野杂鱼类、病虫害及可能随水进入池塘内的虫卵，防病效果比干法清塘更好，但生石灰的用量比较大，成本比较高。

2. 漂白粉清塘

将漂白粉加水溶化后，立即用木瓢全池遍洒，然后用船划动池水，使药物在水中均匀分布，发挥药效。施用漂白粉后，4 ～ 5 天药效即可完全消失。漂白粉有很强的杀菌、抑菌作用，防病效果接近生石灰。用漂白粉清塘时，漂白粉的用药量较少，药力消失快，有利于池塘的周转利用。

（二）苗种放养

黄颡鱼种要求体质健壮、体表无伤无病、规格一致。放养要一次性放足，一般每亩放养体重为 5 ～ 10g 的鱼种 6000 ～ 9000 尾。下池 15 ～ 20 天后，搭配投放一些与黄颡鱼在生态和食性上没有冲突的滤食性鱼类，如每亩搭配体长 15 ～ 20cm 的白鲢 80 ～ 100 尾（冬、春季放养），花鲢寸片 700 ～ 800 尾（6 月下旬放养）。

黄颡鱼种的转运、放养工作最好在冬季完成。捕捞、运输、秤重时动作要轻。远距离运输鱼种应使用活鱼车运输，近距离转运应带水运输。鱼种放养前用 15 ～ 20g/m^3 的聚维酮碘溶液或 2% ～ 4% 的食盐溶液等浸泡消毒。下塘时，运输鱼种的水体温度与放养池水体的温差不超过 3℃。

（三）饲料投喂

饲料选择上注意选择粒径适口的黄颡鱼专用配合饲料，沉性饲料或膨化饲料均可。

1. 驯食

如果是已经驯食配合饲料的苗种，可直接投喂配合饲料。如果苗种未经过驯食，则应先对苗种进行驯食。大规格苗种较难驯食，驯食时注意每次投喂量要少，投喂停顿时间要延长，一般每次停顿时间控制在 8 秒左右。驯食前可用敲桶等固定声音吸引鱼群到食台附近。

2. 投喂方式

由于黄颡鱼无鳞片且有硬刺，过度集群抢食容易造成鱼体受伤，建议用投饵机投喂饲料，以免黄颡鱼过度抢食大量消耗体能和擦伤，降低抢食差异造成的个体生长不均。

3. 投喂量确定

坚持"四看四定"原则，即看季节、看天气、看水色、看鱼群的活动情况，定时、定点、定质、定量。一般根据存塘鱼量及相应水温、规格确定日投饲量，为鱼体重的 2% ~ 5%。确定好日投饲量后根据投饲次数合理分配每次的投饲量。

（四）日常管理

坚持早、中、晚三次巡塘，通过加注新水、施肥、泼洒药物或开增氧机等手段来改善水质，预防疾病和浮头现象。每隔 10 天注入新水 10 ~ 15cm，使池塘水深达到 1.8 ~ 2m，之后可以排去部分老水灌注新水，维持水深在 2m 左右。在阴雨天、暴雨天、闷热天的夜晚要适时打开增氧机防止黄颡鱼泛塘。长期投喂配合饲料，池塘水质会逐渐恶化，可使用生石灰来调节水体的酸碱度，每半个月 1 次，每次每亩施用 15 ~ 20kg。通过换水或施肥等手段来调节水体透明度，并长期保持在 25 ~ 30cm。实践表明，对水源条件差的池塘，坚持长期、定期泼洒光合细菌等微生态制剂可有效改良水质。

五　病害防治

（一）预防措施

在黄颡鱼常见疾病的控制过程中，要坚持"以防为主，防重于治"的方针，

切实做好预防措施。

主要防控措施：①彻底清塘，严格消毒。②苗种放养时，要用食盐等药物浸浴消毒。③放养体质健壮、无病害的苗种。④投喂新鲜、优质饲料，坚持"四看四定"投喂方法，不施用未经过发酵的粪肥。⑤加强水质管理，定期注换水。⑥定期泼洒药物消毒水体，坚持对活饵、饲料台、食场进行消毒。⑦黄颡鱼为无鳞鱼，对硫酸铜、高锰酸钾、敌百虫等药物比较敏感，要慎用。

（二）常见病害的诊断与治疗

近年来随着黄颡鱼集约化养殖程度的提高，养殖病害呈上升趋势，危害不断加大。下面介绍几种常见病害及其防治方法。

1. 机械损伤

症状：黄颡鱼胸鳍和背鳍长有硬棘且喜集群生活，在生产操作和运输中易造成鱼体皮肤擦伤、裂鳍等机械性损伤，继发细菌感染和霉菌感染，以烂鳍和生长水霉为主要症状。

流行情况：主要为网箱分养操作及大规格鱼种长途运输后受伤。

防治方法：在拉网锻炼、运输中要细心操作。出苗时，暂养网箱时间不要过长，并尽可能降低暂养箱的放养密度。鱼种入池或入网箱前要用低浓度高锰酸钾或3%食盐水溶液浸洗消毒。

2. 出血性水肿病

病原：由细菌感染引起。

症状：病鱼体表泛黄，黏液增多；咽部皮肤破损、充血呈圆形孔洞；腹部膨大，肛门红肿、外翻；头部充血，背鳍肿大，胸鳍与腹鳍基部充血，鳍条溃烂，甚至腹部自胸鳍到腹鳍纵裂，胆汁外渗。腹腔淤积大量血水或黄色胶状物，胃肠内无食，胃苍白，肠内充满黄色脓液，肝脏土黄色，脾脏坏死，肾脏上有霉黑点。

流行情况：在苗种或成鱼养殖期间危害最大，尤其在苗种培育过程中较为流行，死亡率高达80%。高温季节，该病易暴发且来势猛，蔓延快。

防治方法：①养殖过程中应密切注意水质情况，保持良好的环境条件，溶氧量保持在5mg/L以上。②适当降低鱼苗的放养密度。③疾病发生后，每天进行水体消毒 1 次，连续 3 天。④在投喂鱼肉浆时，在饵料中添加 1% 食盐。

3. 水霉病

病原：由水霉菌感染引起。

症状：水霉菌初寄生时，肉眼看不出症状，当肉眼能看到时，菌丝已侵入伤口且向内外生长与蔓延扩散，似灰白色的棉絮状附着物，病鱼游泳失常，焦躁不安，失去食欲，瘦弱而死。若鱼卵上布满菌丝，则变成白色绒球状，霉卵为死鱼卵。严重危害孵化中的鱼卵和体表带有伤口的苗种和成鱼。

流行情况：此病在水温低时最易发生，多因在拉网、分箱、运输过程中操作不当引起。

防治方法：①在捕捞、运输和放养过程中，尽量避免鱼体受伤，并掌握合理的放养密度。②鱼种下塘前，用浓度为 2% ~ 3% 的食盐水溶液药浴消毒，全池泼洒亚甲基蓝，达到 2mg/L 浓度，2 天后再泼洒 1 次。③受精卵在孵化前要进行严格消毒，水温最好控制在 26 ~ 28℃，孵化过程中还要对受精卵进行再次消毒。

4. 肠炎病

病原：由点状产气单孢杆菌感染引起。

症状：病鱼腹部膨大，肛门红肿，轻压腹部则肛门有黄色黏液流出。剖开鱼腹，患病较轻的鱼体食道和前肠充血发炎，严重者全肠发炎呈浅红色，血脓充塞肠管。病鱼离群独游，活动迟缓，食欲减退。肠炎病主要危害鱼种和成鱼。

流行情况：病菌感染可能来源于养殖水域的底层淤泥、浮游动物、水蚯蚓以及人工配合饲料中的鱼肉浆也有可能携带该病菌。流行高峰多发生在水温为 25 ~ 30℃时。

防治方法：①池塘要彻底清塘消毒。②不投喂霉变腐败的饲料，活饵应用 2% ~ 3% 食盐溶液消毒，并定期在饲料中添加 1% 食盐或 0.1% 鲜大蒜汁进行投喂。③全池撒施二溴海因（0.5g/m³）。

5. 车轮虫病

病原：由车轮虫寄生引起。

症状：病鱼焦躁不安，严重感染时病鱼沿塘边狂游，呈"跑马"现象；镜

检可见大量车轮虫寄生于鱼体的鳃丝和皮肤黏液上。

流行情况：主要危害鱼苗、鱼种，多发生于春末秋初。

治疗方法：全池泼洒 0.7g/m³ 的硫酸铜和硫酸亚铁合剂（5:2），或每亩用苦楝树叶 30kg 煎煮后全池泼洒。

6. 小瓜虫病

病原：由多子小瓜虫寄生引起。

症状：在病鱼的体表肉眼可见小白点，严重时体表似覆盖了一层白色薄膜；镜检鳃丝和皮肤黏液，可见大量小瓜虫。

流行情况：多子小瓜虫的繁殖适温为 15～25℃，流行于春秋季。当过度密养、饵料不足、鱼体瘦弱时，鱼体易被小瓜虫感染。

治疗方法：①用 50～60g/m³ 福尔马林浸洗鱼体 10～15 分钟，发病鱼池亦用福尔马林消毒。②全池泼洒 2g/m³ 亚甲基蓝，连续数次，每天 1 次。

7. 锚头蚤病

病原：由锚头蚤寄生引起。

症状：发病初期，病鱼呈急躁不安、游动迟缓、鱼体消瘦等现象。寄生部位充血发炎，肿胀，出现红斑，肉眼可见锚头蚤寄生。

流行情况：4—6 月流行。

治疗方法：用 90% 晶体敌百虫全池泼洒，使池水浓度为 0.3～0.4g/m³，疗效显著。

8. 营养性疾病

病原：饲料中的营养成分过多或过少，饲料成分变性或能量不足，均会引起黄颡鱼的营养性疾病。

症状：脂肪肝病、维生素缺乏症等。病鱼肝脏肿大，肝脏颜色粉白或发黄，胆囊肿大，胆汁发黑，胰脏色淡。病鱼零星死亡。

防治方法：改进饲料配方，提高饲料质量，适当增加饲料中维生素和无机盐的用量。

六　案例分析

1. 黄颡鱼"黄优 1 号"成鱼养殖实例

武汉市江夏区山坡街国营邓家洲养殖场 56 亩池塘,主养黄颡鱼"黄优 1 号"。其中,苗种培育池 1 个,面积 12 亩;成鱼养殖池 2 个,面积共 44 亩。每个池塘配 3kW 增氧机 5 台。2020 年成鱼养殖平均亩产 1493.2kg,亩产值 32850.4 元。总利润约 56.6 万元。

清明节前后,在水温稳定 15℃以上的晴天上午投放"黄优 1 号"黄颡鱼苗种,投放规格为 100 尾 /kg 的大规格苗种,价格为 24 元 /kg,每亩投苗 1.5 万 ~ 1.8 万尾。在生长旺盛季节投饵率控制在 1.5% 左右,黄颡鱼贪食,忌多投。养殖前期用光合细菌调水,后期用芽孢杆菌、EM 菌调水,每月 2 次,每次 3 ~ 5 天。用黄芪多糖、大蒜素、多维拌饵料投喂,调理黄颡鱼肠胃,增强免疫力。用氟苯尼考、盐酸多西环素粉、三黄散等防病。

7 月底开始捕捞上市,规格 10 ~ 14 尾 /kg,捕大留小,捕捞 5 ~ 6 次。平均销售价格 22 元 /kg,成鱼销售金额 144.54 万元。

成鱼养殖总成本约 87.94 万元,具体为:①饲料成本 56.1 万元。②水花鱼种成本 7.5 万元。③大规格鱼种成本:15.84 万元。④池租、水电成本 6.6 万元。⑤人工成本 5 万元。⑥肥料、药品成本 4.4 万元。

总利润约 56.6 万元。每亩平均（含鱼种养殖）利润 1.01 万元。

2. 黄颡鱼"黄优 1 号"苗种养殖实例

武汉知合农业发展有限公司在蔡甸区消泗乡承包面积 15 亩、水深 2m 的池塘养殖黄颡鱼苗种,2021 年 6 月 15 日放养黄颡鱼"黄优 1 号"水花 500 万尾,密度约 33.3 万尾 / 亩,池塘配 1.5kW 的增氧机 6 台。

水花下塘初期,补充生物肥料和乳酸菌、芽孢杆菌、酵母菌等益生菌,培养天然的枝角类作为天然饵料,供黄颡鱼水花摄食。20 天左右开始驯食 0.3mm 粒径的黄颡鱼苗种配合饲料,随后根据鱼种规格调整投喂饲料的粒径,日常进行调水和改底操作。下塘 35 天后,鱼种规格达到 1200 ~ 1400 尾 /kg,7 月 20 日开始出售黄颡鱼寸片,总计销售金额 88.7 万元。

总成本约38.3万元,具体为:①饲料成本23.8万元(28t)。②水花鱼种成本7.5万元(500万尾)。③水电、人工成本5万元。④肥料、药品成本2万元。

苗种成活率:销售苗种数量为307万尾,放养水花数量为500万尾,总成活率为61.4%。

总利润约50.4万元,每亩平均利润3.36万元。

第四节　鲌鱼养殖技术

一　概况

近年来，鲌鱼，特别是黑尾近红鲌、翘嘴红鲌以及二者的杂交种"先锋 1 号"在国内具有广泛的消费市场，因其营养丰富、味道鲜美，受到消费者的青睐，价格也居高不下。黑尾近红鲌晒干或风干后风味更佳，是理想的加工品种。发展黑尾近红鲌人工养殖具有良好的市场前景。

黑尾近红鲌主要有池塘养殖、大水面增养殖和网箱养殖等模式。湖北省池塘养殖 11.559 万亩、大水面增养殖 88.75 万亩，部分地区有少量网箱养殖。池塘主养纯利 4000 ~ 5000 元 / 亩；池塘套养平均增收 400 元 / 亩以上；网箱养殖获利 300 元 /m^2 左右；湖泊增殖放流平均增值 100 元 / 亩左右。

黑尾近红鲌是一种高蛋白、低脂肪、氨基酸含量丰富的鱼类，其营养价值高，口味鲜美，适于加工，具有常规养殖品种不可比的八大经济特性。

（1）养殖成本低，效益显著。黑尾近红鲌的养殖成本为翘嘴红鲌的 50%，养殖成本约 7 元 /kg；湖北地区市场价格为 16 ~ 25 元 /kg，养殖经济效益显著。

（2）耐低氧能力强，适宜于集约化养殖。黑尾近红鲌养殖单产高，池塘主养可达 600kg/ 亩以上；网箱养殖可达 25kg/m^2 以上。

（3）生长速度快，二冬龄养成商品鱼。当年繁育的鱼苗可培育成大规格鱼种，次年成鱼养殖可达商品鱼规格（根据不同的养殖模式，可获得规格在 0.5 ~ 1kg 的商品鱼）。

（4）性情温顺，适宜活鱼上市。翘嘴红鲌应激反应强烈，出水极易死亡；黑尾近红鲌性情温顺，宜活鱼运输。

（5）抗病能力强，养殖成活率高。黑尾近红鲌对常规药物无禁忌，目前还未见流行病，对其他鱼类的病害常用防治药物无不良反应。黑尾近红鲌鱼种培育成活率可达 85% 以上，成鱼养殖成活率可达 90% 以上。

（6）食性杂，食物来源广。黑尾近红鲌既可吃配合饲料，又可吃水中的浮

游动物和有机碎屑，适宜人工投喂配合饲料高密度集约化养殖。

（7）容易养殖，农户接受快。黑尾近红鲌养殖技术简单，易被农民接受，会养鲤鱼、鲫鱼就能养黑尾近红鲌。

（8）上钩率高，极易垂钓。黑尾近红鲌是城郊休闲渔业的优良新品种。

二 养殖模式

（一）池塘主养

每亩放养冬片鱼种（体长10cm以上）1200尾左右，并搭配鲢夏花200尾左右。或每亩放养夏花鱼种（体长3.3cm）2万～2.5万尾。每亩平均产量约500kg，平均产值约8000元，平均效益约3000元。

（二）池塘套养

吃食性鱼类、河蟹等集约化养殖池塘可适量套养黑尾近红鲌。

1. 常规鱼类鱼种培育池中套养

在草鱼、青鱼、武昌鱼、鲤鱼、鲫鱼等常规鱼类鱼种培育池塘内每亩套养体长2～3cm黑尾近红鲌约2000尾，年终每亩可收获单产达40kg的黑尾近红鲌大规格鱼种（体长约15cm）。

2. 常规鱼类成鱼养殖池中套养

在草鱼、青鱼、团头鲂、鲤鱼、鲫鱼等吃食性鱼类成鱼养殖池中每亩套养12cm以上黑尾近红鲌50～100尾，年终每亩可收获规格约500g，单产达20～40kg的黑尾近红鲌商品鱼。

3. 龟鳖池套养

在龟鳖养殖池塘内每亩套养12cm以上的黑尾近红鲌鱼种400尾，年终每亩可收获规格在500g以上，单产达150kg的商品鱼（配放少量白鲢）。

4. 成蟹池套养

在成蟹池每亩套养12cm以上黑尾近红鲌鱼种50尾，年终每亩收获规格约在500g，单产达20kg的黑尾近红鲌商品鱼。

三 池塘条件

主养池塘面积 5 ~ 20 亩均可，水深 2 ~ 2.5m，水源充足，水质清新无污染；排灌方便，保水性好；池底淤泥厚 10 ~ 15cm。每 5 亩水面配备投饵机和增氧机各 1 台。

四 饲养管理

（一）苗种放养

晚秋至早春放养足量人工养殖且体质健壮、无病无伤、规格约 15cm 的黑尾近红鲌苗种，放养量为 1000 ~ 1500 尾 / 亩。套养白鲢夏花鱼种放养 200 尾 / 亩左右、黄颡鱼鱼种放养 500 ~ 800 尾 / 亩。切忌投放比黑尾近红鲌抢食能力强的鲤鱼、鲫鱼。

（二）饲料投喂

每天 7：00—8：00、12：00—13：00、17：00—18：00 分 3 次定点投喂。按照先相对分散后集中的方法投喂粗蛋白质含量 40% 以上破碎料，最后达到定点投喂。

饲养前期（约 1 个月）：投喂粗蛋白质含量 40% 以上的破碎料，鱼种规格达 8cm；日投喂 3 次，投喂量以鱼摄食行为不明显为准。饲养中期（约 1 个月）：投喂蛋白质含量 36% 以上、粒径为 1mm 的饲料，鱼种规格达 12cm；日投喂 3 次，投喂量以鱼摄食行为不明显为准。饲养后期（约 2 个月）：投喂粗蛋白质含量 32%、粒径为 1.5mm 的饲料，鱼种规格达 15cm；日投喂 3 次，投喂量以鱼摄食行为不明显为准。

在生长旺季，投喂量要大些，在其他几个月可以少些，具体情况根据天气和鱼的摄食状况灵活掌握。投食要做到定时、定量、定位、定质；一般情况下，10 亩鱼池设 2 个投饵机，分放不同的地方，以便黑尾近红鲌均匀摄食，不出现大的规格差异。

（三）日常管理

加强饲养管理，对养殖池塘进行适时追肥，调节水质，科学喂养并及时观

察鱼情、防治病害。

五 病害防治

（一）预防措施

1. 彻底清池

清池包括清除池底污泥和池塘消毒。育苗池、养成池、暂养池在放养前都应清池。新水泥池在使用前 1 个月左右就应灌满清洁的水，以浸出水泥中的有毒物质，浸泡期间应隔几天换一次水，反复浸洗几次以后才能使用。已用过的水泥池，在再次使用前应彻底清除池底和池壁污物，再用 0.1% 左右的高锰酸钾或漂白粉等含氯消毒剂溶液消毒，并冲洗干净才可使用。

养成池一般为土池。新建的池塘一般不需要浸泡和消毒，如果灌满水浸泡 2 ~ 3 天，换水后再放养更加安全。已养过鱼、虾的池塘，因池底中沉积有大量残饵和粪便等有机物质，这些有机质腐烂分解后，会消耗溶氧，产生氨、亚硝酸盐和硫化氢等有毒物质，还会成为许多种病原体的滋生基地，因此应当在养殖的空闲季节即冬季将池水排干，尽可能去除污泥。放养前在池底灌少量水，盖过池底即可，用漂白粉（50 ~ 80mg/L）或生石灰（400mg/L），溶于水中后均匀泼洒全池，1 ~ 2 天后灌入新水，再过 3 ~ 5 天就可放养。

2. 保持适宜的水深和优良的水质及水色

（1）调节水深。在养殖前期，因为鱼类个体较小，水温较低，池水以浅些为好，有利于水温回升和饵料生物的生长繁殖。以后随着鱼类个体长大和水温上升，应逐渐加深池水，到夏秋高温季节水深最好达 1.5m 以上。

（2）调节水色。水色以淡黄色、淡褐色、黄绿色为好，其中的藻类一般以硅藻为主。如果水色变为蓝绿、暗绿，表示蓝藻较多；水色为红色表示可能甲藻占优势；若呈黑褐色，则表示溶解或悬浮的有机物质过多，这些水色都不利于养殖。透明度以 30 ~ 40cm 为好。

换水是保持优良水质的最好办法，但要适时适量才有利于鱼类的健康生长。当水质优良、透明度适宜时，可暂不换水或少量换水。在透明度很低时，或鱼类患病时，则应多换水、勤换水。

3. 放养健壮种苗，密度适宜

放养的种苗应体色正常，健壮活泼。必要时应先用显微镜检查，种苗不能带有病原。放养密度应根据池塘条件、水质、饵料状况和饲养管理技术水平等，确定合适的密度，切勿过密。

4. 饵料应质优量适

质优是指饵料及其原料绝对不能发霉变质，饵料的营养成分要全，特别是不能缺乏必需维生素和矿物质。量适是指每天的投饵量要适宜，分多次投喂。每次投喂前要检查前次投喂的吃食情况，以便调整投饵量。

5. 改善生态环境

人为改善池塘中的生物群落，使之有利于水质的净化，增强鱼类的抗病能力，抑制病原生物的生长繁殖。如在养殖水体中使用水质改良剂益生菌、光合细菌等。

6. 操作要细心

在捕捞、搬运养殖动物及日常饲养管理过程中应细心操作，不使鱼类受伤，因为受伤的个体最容易感染细菌。

7. 经常进行检查

在饲养过程中，应每天至少检查池塘 1 ~ 2 次，以便及时发现可能引起疾病的各种不良环境，尽早采取改进措施，防患于未然。

8. 及时隔离和杀灭病原体，防止病原传播

对生病的和带有病原的鱼类要进行隔离；在发病的池塘中用过的工具应当用浓度较大的漂白粉、硫酸铜或高锰酸钾等溶液消毒，或在强烈的阳光下晒干，然后才能用于其他池塘，有条件的也可设发病池塘专用工具。病死的鱼类应及时捞出并深埋他处或销毁，切勿丢弃在池塘岸边或水源附近，以免被鸟兽或雨水带入养殖水体中；已发现有疾病的鱼在治愈以前不应向外转移。

9. 药物预防

鱼种在放养前，最好先用适当的药物将体表携带的病原杀灭。一般的方法是在 8mg/L 的硫酸铜或 10mg/L 的漂白粉或 20mg/L 的高锰酸钾等溶液内浸洗

15 ~ 30 分钟。

（二）常见病害的诊断与治疗

1. 水霉病

症状：当鱼体受伤后，水霉动孢子侵入鱼体表，吸取鱼皮肤内的营养而萌发并迅速生长，菌丝的一端像树根一样吸附在鱼的皮肤组织内，其余大部分露在体表外面。水霉菌丝呈白色或灰白色棉絮状在水中飘动，肉眼可见。鱼体寄生水霉菌后会表现出烦躁不安，逐渐瘦弱死亡。该病是由真菌寄生鱼体表引起。主要病原是真菌门藻状菌纲水霉目水霉科的水霉属和绵霉属。水霉病一年四季都可以发生，以早春、晚冬最为流行。

防治方法：①用生石灰彻底清塘，可减少此病的发生。②在捕捞、搬运和放养过程中要尽量仔细，勿使鱼体受伤，同时注意保持合理的放养密度。③用水霉净全池遍洒，每天一次，连用 2 天。

2. 斜管虫病

症状：病鱼体表和鳃分泌大量黏液形成淡灰色薄膜，使鱼呼吸困难而死亡。

治疗方法：放养鱼种时用 4% 食盐水或 2.5% 高锰酸钾溶液浸洗鱼体。全池泼洒 0.1 ~ 0.2g/m^3 的硫酸铜和硫酸亚铁合剂（5∶2）。

3. 小瓜虫病

症状：病灶处有许多小白点，严重时皮肤上覆盖一层白色薄膜。病鱼游动缓慢，漂浮于水面，有时群集游动，鱼身不断与其他物体摩擦，不久成批死亡。

防治方法：每亩水面用鲜辣椒 250g、生姜 100g 煎水泼洒。

4. 细菌性烂鳃

症状：病原为丝状细菌。细菌附生在病鱼鳃上并大量繁殖，阻塞鳃部的血液流通，妨碍呼吸。严重时鳃丝发黑、霉烂，引起病鱼死亡。

治疗方法：经常清除鱼池中的残饵、污物，注入新水，以免水质被污染，保持养殖环境的卫生安全。保持水体中溶氧在 4mg/L 以上。用 2mg/L 的漂白粉全池泼洒，可起到较好的治疗效果。

六　案例分析

翘嘴红鲌成鱼养殖实例

武汉市鑫宏洋渔业有限公司池塘养殖翘嘴红鲌 7 亩。

鱼种下塘前一个月，用生石灰彻底清塘消毒，每亩用生石灰 50kg。池塘消毒暴晒 10 天后，注入 1.5m 过滤后的新水，每亩施用 50kg 经发酵的畜禽肥料作基肥以培育浮游生物。安装 2 台 3kW、1 台 1.5kW 增氧机。

12 月 25 日开始放苗，每亩放养翘嘴红鲌冬片（40 尾 /kg）2000 尾，总计放 14000 尾。每亩放养花鲢冬片（10 尾 /kg）20 尾，总计 140 尾。每亩放养白鲢冬片（20 尾 /kg）100 尾，总计 700 尾。每亩放养草鱼冬片（6 尾 /kg）5 尾，总计 40 尾。投入翘嘴红鲌苗种成本 9800 元，鲢鱼、鳙鱼、草鱼苗种成本 551 元。

养殖过程中，用芽孢杆菌、EM 菌及改底产品调水，使用二氧化氯、苯扎溴铵等消毒杀菌，渔药成本 1481 元。

2020 年 2 月 4 日开始尝试投喂粗蛋白质含量约 42% 的饲料，每日 9：00—10：00、17：00—18：00 开投饵机 5 ~ 10 分钟，少量训食。3 月起适当增加投喂量，早、晚参照投喂比例分别为日投喂量的 70%、30%。

9 月 20 日打样翘嘴红鲌规格到达 0.5 ~ 0.75kg，开始起捕出售，至 11 月 5 日干塘，共出售翘嘴红鲌 9091kg，产值 14.25 万元；花鲢 267.5kg，产值 2370 元；白鲢 715kg，产值 3100 元；草鱼 55kg，产值 490 元。总收入 14.85 万元。

除去自身人工成本，总计投入 10.25 万元，其中饲料 7.91 万元，苗种 1.03 万元，渔药 0.15 万元，电费、捕捞费 1.15 万元。

总利润 4.6 万元，每亩平均利润 6575 元。

一 概况

1. 分类与分布

长吻鮠（*Leiocassis longirostris*）广泛分布于中国东部的辽河、淮河、长江、闽江至珠江等水系，以长江流域为主，是重要的经济鱼类。

2. 养殖现状与前景

长吻鮠又称江团、肥沱、鮰鱼，是我国著名的淡水鱼类，以肉质细嫩、味道鲜美著称。民间有"不食江团，不知鱼味"之说。长吻鮠鱼鳔肥厚，干制成"鱼肚"是享誉中外的珍肴，也是一种贵重药材。湖北石首所产的"笔架鱼肚"素享盛名，实属食中珍品。

湖北从 1990 年开始试养长吻鮠，取得较好的经济效益。21 世纪初，随着四川国家级长吻鮠原种场、湖北石首国家级长吻鮠良种场的建成，长吻鮠的推广迈上一个新台阶。随着长江十年禁渔计划的实施，为满足人民对长江特色水产品的需求，人工养殖长吻鮠，将更大有可为。

二 生物学特性

1. 形态特征

长吻鮠体长，腹部浑圆，尾部侧扁，体光滑无鳞；头部较大，高宽略等；吻锥形，显著向前突出；口下位，新月形；牙齿小，在两颌排列成带状；唇肥厚，唇边有须 4 对。背鳍和胸鳍均有硬刺，刺后缘有锯齿；后背部有一脂鳍，较大；尾鳍深叉形，上、下叶等长，末端稍钝。体粉红色，背部暗灰，腹部色浅，头及体侧具不规则的紫灰色斑块，各鳍灰黄色。

2. 生态习性

长吻鮠为底层鱼类，常在水流较缓、水深且石块多的河湾、深潭中生活。白天多潜伏于水底或石缝内，夜间外出觅食。觅食时也在水体的中、下层活动，冬季多在干流深水处多砾石的夹缝中越冬，主要以水生昆虫及其幼虫、甲壳类、小型软体动物和小型鱼类为食。

长吻鮠属温水性鱼类，生存温度为 0 ~ 38℃，生长适温为 15 ~ 30℃，pH 值适应范围为 6.5 ~ 9，最适 pH 值为 7 ~ 8.5。长吻鮠不耐密集，不耐低氧，当池塘水中溶氧低至 2.5mg/L 时，就会浮头。每逢拉网时，常发现一部分长吻鮠全身颤动，体色从黑转灰白，如不及时抢救，将会死亡。长吻鮠营底栖生活，喜群集，畏光。

长吻鮠为肉食性鱼类，夜间捕食。全长 5cm 以内的鱼苗喜食的食物依次为水蚯蚓、摇蚊幼虫、枝角类、桡足类和其他水生昆虫幼虫；全长 5 ~ 20cm 的鱼种食物则依次为水蚯蚓、陆生蚯蚓、枝角类和桡足类，小型鱼类和虾；体长 20 ~ 40cm 的主要捕食小虾及小型鱼类；40cm 以上的则以捕食小型鱼类和青虾为主。

长吻鮠生长较快，当年繁殖的鱼苗年底可长到 100 ~ 150g，到第二年可长到 500g 的上市规格，3 龄鱼可达 1kg。在江河中捕获的长吻鮠一般体重 1 ~ 2kg，最大个体达 13kg。

3. 繁殖习性

长吻鮠通常 4 龄达到性成熟。繁殖期为 4—6 月，4 月为盛产期，产卵场分布于砾石底的江河内。怀卵量随体长和体重的增长而增大，每尾雌亲鱼怀卵量为 1.7 万 ~ 14.8 万粒。同一个体的卵子分两批成熟。成熟卵橙黄色。受精卵呈黏性，在水温 23 ~ 27.5℃时，经过 47 小时孵出鱼苗。

三 池塘健康养殖技术

（一）苗种培育

1. 鱼苗培育

（1）培育池条件。鱼苗培育可在水泥池中进行。水泥池为长方形，面积

30 ~ 100m²，池水深 60 ~ 80cm，培育用水应用规格 32 孔 /cm²（相当于 80 目）的筛绢网过滤，水质应符合渔业水质标准，排水口用网目为 0.4mm 的网布纱窗拦鱼。培育池应具微流水，消毒、洗净后注水放苗。适宜水温为 23 ~ 30℃。

（2）鱼苗投放。投放 7 ~ 10 日龄 1cm 以上规格鱼苗，密度为 200 ~ 300 尾 /m²。鱼苗放入培育池时温差不超过 ±2℃。

（3）培育管理。

投饲管理：刚出膜的鱼苗在流水培育池暂养 3 ~ 4 天后，可主动摄食，此时开始投喂经过滤的活体浮游动物，轮虫、枝角类、桡足类、摇蚊幼虫、水蚯蚓等小型水蚤。饵料可在放养池中提前培育，或从其他水体中捕捞。投喂方法：人工投饵培育，在放苗当天或提前一天投放一定数量水蚤，水蚤用 40 目纱网过滤，用 3% 食盐水浸泡 10 ~ 15 分钟，每万尾鱼苗投喂 1 ~ 2kg。肥水培育，视池中水蚤数量随时补投。3 ~ 5 天后，改投喂水蚯蚓，用 1% 食盐水浸泡 10 ~ 15 分钟，每天上午、下午各投喂 1 次，投饵率 4% ~ 8%，以吃完为度。

水质调节：仔鱼下池初不冲水，投喂水蚯蚓后，由间断冲水变为微流水。保持不间断流水，适宜流量为每小时 1 ~ 1.5m³，并同时开增氧机增氧，保持溶氧量在 6mg/L 以上。流水培育池每天要清理池底有机物与污泥一次。

分级培育：鱼苗培育 20 天左右，分级筛选，分池、分规格培育；经 30 天左右培育，鱼苗长到 4 ~ 5cm 时，转入鱼种池。

2. 鱼种培育

（1）池塘条件。鱼种培育池应水源充足，水质清新，排灌方便，交通便利，水源水质符合渔业水质标准。鱼种培育池为面积 100 ~ 200m²、池深 1 ~ 1.2m 的水泥池或 1 亩左右、池形整齐、池底平坦的土质池，池深 1.2 ~ 1.5m。大规格鱼种培育池适宜面积为 3 ~ 5 亩。苗种培育池水体溶氧量应在 5mg/L 以上，水温为 23 ~ 30℃，pH 值为 7 ~ 8，适宜透明度为 40 ~ 45cm。

（2）鱼种放养。每亩放养体长 3cm 的鱼苗 4000 ~ 5000 尾。

（3）转食驯化。鱼种全长 5cm 时开始转食，从天然饵料转为人工配合饲料。逐步定时、定点投喂，每日投喂 5 ~ 6 次，投饵率 8% ~ 12%，以 1 小时内吃完为宜。

（4）饲养管理。

饲料要求：饲料粗蛋白质含量不低于42%，粒径应与不同规格鱼种的口径相适应，动物性饲料要求新鲜、无污染，使用前应清洗干净和消毒处理。

投喂方法：池塘内应设置投食台（点），定点投喂饲料。鱼体全长 3 ~ 5cm 时日投喂 3 次，分别是 7：00—8：00、12：00—13：00、18：00—19：00；鱼体全长在 5cm 以上日投喂 2 次，分别是 7：00—8：00、17：00—18：00。日投饲率 3% ~ 5%。

水质调节：注意池塘水质变化，定期加注新水以改善水质，预防缺氧和泛池，在高峰投喂季节，一般 5 ~ 10 天加注新水一次；透明度小于35cm时，换 30% ~ 50% 池水。食场及周围每 10 天左右用生石灰或漂白粉消毒，每亩用生石灰 10 ~ 15kg 化浆后全池泼洒。池水深度以 1.2 ~ 1.5m 为宜，保持水体透明度为 40 ~ 50cm。

体长 3 ~ 5cm 的长吻鮠鱼种培育 4 ~ 5 个月，就可以养成 15 ~ 25cm、50 ~ 150g 的大规格鱼种。

（二）成鱼饲养

1. 池塘条件

放养长吻鮠的池塘，要求排灌方便，水质清新、符合渔业用水标准，水深以 1.5 ~ 2.5m 为宜，面积以 3 ~ 5 亩为宜。池底有 20cm 左右淤泥即可，如果淤泥过多，应进行清淤，以免天气突变发生"泛池"。长吻鮠喜阴，应在池塘边搭盖 20m² 以上的遮阳网或竹棚遮阴，或在池塘一角种养水浮莲等水生植物，让长吻鮠栖息。鱼池需配备增氧机、抽水机等。在鱼种放养前需经清塘消毒、注水、试水。

（1）药物清塘。干法清塘时，保留池水 5 ~ 10cm，每亩用生石灰 60 ~ 75kg，用水溶化后趁热全池泼洒，毒性消失时间为 7 ~ 10 天。带水清塘时，每亩用漂白粉 15kg，用水溶解后全池泼洒，毒性消失时间为 3 ~ 5 天。

（2）注水。清塘 2 ~ 3 天后注水，鱼种池水深 0.8 ~ 1m，成鱼池水深 1.5 ~ 2m。注水时用规格为 24 孔 /cm（相当于 60 目）的密网过滤。

（3）试水。放养前一天，将 50 ~ 100 尾活鱼苗放入设置于池塘内的小网箱中，经 12 ~ 24 小时观察鱼苗的状态，检查池水药物毒性是否消失。

2. 池塘主养

长吻鮠适宜主养，每亩池塘可放养长吻鮠鱼种1000尾，并适当搭配混养一些鲢鱼、鳙鱼，以摄食水中浮游生物，控制水质。

（1）鱼种放养。放养密度根据鱼池条件、鱼种规格、饲养方式、养殖管理水平而定。一般放养50～80g规格的鱼种，每亩放养800～1200尾，当年可长到400～650g，产量达400～500kg。100～150g规格的鱼种，每亩养600～800尾。如鱼种的规格为30g以下，每亩放养2000尾，平均尾重只能达到200～300g。放养鱼种须是体健、无病无伤、色泽鲜亮、活动正常的鱼种，并在严格消毒后下池。

（2）鱼种消毒。使用1%～3%的食盐水浸泡5～10分钟，或用30～50mg/L的1%聚维酮碘浸泡10～15分钟。

（3）套养。在主养长吻鮠的成鱼池里，可套养150～200尾的滤食性大规格鲢鱼、鳙鱼种，但不能套养鲤鱼、鲫鱼、草鱼等鱼类。

3. 池塘混养

长吻鮠也可作为搭配品种，与鳜鱼、大口黑鲈等混养，每亩放养长吻鮠鱼种200尾左右，但不宜与淡水白鲳、鲤鱼、罗非鱼、胡子鲶等抢食的底层鱼混养。与鳜鱼混养时，放养的长吻鮠应比鳜鱼体长长2cm以上，以防鳜鱼摄食长吻鮠。

四 饲养管理

1. 水质调控

长吻鮠对水质的要求比普通家鱼为高，水中溶氧应保持在5mg/L以上。如果降至4mg/L以下，则摄食明显减少生长缓慢；2mg/L以下时，则会发生浮头乃至泛池死鱼事故。鱼池水位随鱼种的生长和摄食强度的增长而逐步加深，早期水位控制在1m左右，中后期1.5m左右，高温时1.8～2m。保持微流水或每7～10天换水1次，换水量约为池水总量的1/3。保持pH值7～8.5，透明度为40～45cm，池塘水色为淡茶褐色。高温季节15～20天，每亩撒施生石灰15～20kg。

2. 投喂管理

以投喂专用长吻鲼配合颗粒饲料为宜，也可以投喂禽畜内脏、冰鲜鱼或鳗饲料。饲料粗蛋白质含量不低于40%，粒径应与不同规格鱼的口径相适应。投喂沉性饲料应设置投食台（点），浮性饲料应设置拦饵架，定点投喂饲料。每日于7∶00—8∶00、18∶00—19∶00各投喂一次。日投饲率1%～3%，因水温而异。

饲料投喂要做到"四看四定"的原则。切忌过度投喂，低温、阴雨天少投，每次以半小时吃完为好。

3. 日常管理

养殖过程中要坚持早晚巡塘，查看水质、观察鱼情，发现问题及时处理，及时清除池塘内杂物、死鱼，填写水产养殖生产记录。遇天气闷热、雷阵雨、阴雨等天气要实时开启增氧机。

五　病虫害防治

虽然在长吻鲼的成鱼饲养阶段疾病不多，但还是要做好日常防治工作，贯彻预防为主、防治结合的原则。鱼种引进、放养时要严格进行检疫和消毒。池塘、网箱和工具应严格消毒。日常管理细致操作，避免创伤。

长吻鲼病虫害防治方法与常规淡水鱼几乎相同。但长吻鲼属无鳞鱼类，对各种药物比有鳞鱼更为敏感，如长吻鲼对硫酸铜、晶体敌百虫、高锰酸钾等药物敏感，使用时一定要谨慎把握用药浓度，一旦出现险情，应立即大量换水。

1. 肠炎病

病原：肠型点状产气单胞菌感染。

症状：病鱼腹部膨大、腹腔积水、肠壁充血发红，严重时肠呈紫红色，肛门红肿外突，轻压腹部有黄色液体外流，肠内一般无食，充满淡黄色黏液或脓血。

流行情况：肠型点状产气单胞菌在水温15℃时可以大量繁殖并流行。

防治方法：每100kg鱼用5～10g盐酸多西环素拌饵投喂，连续6天；或用三黄散（水深以1.5m计算）150g/亩与聚维酮碘溶液200mL/亩混合后全池泼洒，连用3～5天。全池撒施漂白粉，按水深1.5m计算，用量为100g/亩。

2. 烂鳃病

病原：嗜纤维黏细菌。

症状：鳃丝黏液增多、肿胀、末端腐烂、缺损，鳃盖内表皮充血发炎、被腐蚀，严重时鳃丝软骨外露。病鱼离群独游于水面或池边，反应迟钝，食欲减退或拒食，呼吸困难，体色变黑，鳃瓣腐烂发白。

流行情况：水温 15℃以上开始发生和流行。

防治方法：每 100kg 鱼重用恩诺沙星 2～5g 拌饵投喂，同时全池撒漂白粉（1g/m³）或二氧化氯（0.3g/m³），在晴天下午用 25kg/ 亩生石灰全池撒施。

3. 车轮虫病

病原：车轮虫。

症状：病鱼体黑而瘦，食欲减退或不摄食，群游于池边。病鱼鳃丝充血，鳃组织分泌大量黏液，鳃丝发白腐烂，镜检车轮虫数量多。严重时在池边漫游最后死亡。

流行情况：此病 4—5 月最为流行，对鱼苗、鱼种危害较大。该病传播速度快，感染率高，感染强度大，且易发生继发感染。

防治方法：加大换水以改善水质。苗种入池前用 3% 食盐水浸洗 3～5 分钟，同时注意放养密度。按 1.5m 水深计算，用 700g/ 亩硫酸铜和硫酸亚铁合剂（5∶2），全池泼洒。

第六节 斑点叉尾鮰养殖技术

一 品种介绍

斑点叉尾鮰又称沟鮰，是一种大型经济鱼类，原产于美洲，我国于 1984 年从美国引进，1987 年人工繁殖成功，现已成为我国一个重要的水产养殖品种。

斑点叉尾鮰体较长，体表光滑无鳞，黏液丰富，头部上下颌具有触须 4 对，具有脂鳍 1 个，尾鳍分叉较深，体两侧背部淡灰色，腹部乳白色，幼鱼体两侧有明显而不规则的斑点，成鱼斑点逐步不明显或消失。

斑点叉尾鮰属底栖鱼类，喜栖息于流水和微流水中，常见于沙质或石砾底质的水体底层。能在 0 ~ 40℃范围内存活，最适生长温度 25 ~ 30℃，20℃以下生长缓慢。溶氧 2.5mg/L 以上即能正常生活。适生 pH 值为 6.5 ~ 9。适生盐度为 0.2‰ ~ 8.5‰。8℃开始摄食，杂食性，较贪食。在天然水域中，幼鱼主要以水生昆虫、浮游动物等为食，成鱼则以各种陆生和水生昆虫、软体动物、小鱼虾、植物种子等为主要食物。在人工饲养条件下适于投喂人工配合饲料。最大个体可达 20kg。性成熟最小年龄为 3 龄，繁殖季节为 5—8 月，繁殖水温为 20 ~ 28℃。

二 苗种培育

1. 鱼苗培育

（1）培育池条件。鱼苗培育可在水泥池中进行。培育池以面积 8 ~ 10m² 的长方形为宜，池水深 50 ~ 60cm，排水口用网目为 0.4mm 的网布纱窗拦住。培育用水应用规格 32 孔 /cm（相当于 80 目）的筛绢网过滤，水质应符合渔业水质标准。

（2）鱼苗投放。鱼苗出膜的第二天，体表开始分布黑色素。卵黄囊吸收 65% ~ 70% 时，采用虹吸法，用内径 1.3cm 的塑料软管，将带卵黄囊的鱼苗

从孵化槽内吸出，移入培育池中。孵化槽中的鱼苗放入培育池时温差不超过 ±2℃。放养密度为 10000 尾 /m²。

（3）培育管理。①鱼苗在流水培育池暂养 3 天后，开始投喂活体浮游动物，而后用活体浮游动物与微型颗粒饲料混合投喂养，每 4 小时投喂 1 次。②培育池需保持不间断流水，适宜流量为每小时 1 ~ 1.5m³，并同时用增氧机增氧，保持溶氧量在 6mg/L 以上。③每天清理池底有机物与污泥一次。④鱼苗培育 7 ~ 10 天，体长 1.5cm 以上时出流水池进行池塘夏花培育。

2. 鱼种培育

1）培育池条件

鱼种培育池应水源充足，水质清新、符合渔业水质标准，进、排水分开，排灌方便，交通便利。苗种培育池应为池形整齐、池底平坦的土质池，池深 2.5m，夏花培育池适宜面积 2 ~ 3 亩，大规格鱼种培育池适宜面积为 3 ~ 5 亩。鱼种培育池水体溶氧量应在 5mg/L 以上，水温为 23 ~ 30℃，pH 值为 6.8 ~ 8，适宜透明度为 40 ~ 45cm。

2）培育池准备

（1）池塘清整。排干池水，暴晒池底 7 ~ 10 天，清除杂物和过多的淤泥，修整池埂。

（2）药物清塘。①干法清塘，保留池水 5 ~ 10cm，每亩用生石灰 60 ~ 75kg，用水溶化后趁热全池泼洒，毒性消失时间为 7 ~ 10 天。②带水清塘，每亩用漂白粉 15kg，用水溶解后全池泼洒，毒性消失时间为 3 ~ 5 天。

（3）注水。清塘 2 ~ 3 天后注水，池水深 0.8 ~ 1m。注水时用规格为 24 孔 /cm（相当于 60 目）的密网过滤。

（4）施基肥。放鱼前 3 ~ 5 天，每亩鱼池施经发酵腐熟的有机肥 200 ~ 500kg 或绿肥 200 ~ 300kg。

（5）试水。放养前一天，将 50 ~ 100 尾活鱼苗放入设置于池塘内的小网箱中，经 12 ~ 24 小时观察鱼苗的状态，检查池水药物毒性是否消失。试水后用夏花捕捞网拉网 1 ~ 2 次，若有野鱼或敌害生物，应重新清塘。

3）鱼苗放养

放养的鱼苗全长不小于 1.5cm。池塘培育鱼种放养密度为 3 万尾 / 亩。

4）饲料投喂

（1）饲料要求。饲料粗蛋白质含量不低于 38%，粒径应与不同规格鱼种的口径相适应。动物性饲料要求新鲜，无污染，使用前应清洗干净并消毒处理。鱼苗下塘 2 ~ 3 天后，开始逐渐投喂斑点叉尾鮰鱼苗专用粉状配合饲料。第二周改投喂破碎料，第三周改投喂粒径为 1mm 的颗粒配合饲料。

（2）投喂方法。池塘内应设置投食台（点），定点投喂饲料。水温 20 ~ 25℃，日投饲率 2% ~ 2.5%；水温 25 ~ 30℃，日投饲率 3% ~ 3.5%；水温 30 ~ 35℃，日投饲率 2% ~ 2.5%。鱼体全长在 3 ~ 5cm 日投喂 3 次，分别是 7：00—8：00、12：00—13：00、18：00—19：00；鱼体全长在 5cm 以上日投喂 2 次，分别是 7：00—8：00、17：00—18：00。

5）日常管理

鱼种培育过程中的日常管理是一项关键性工作。坚持早晚巡塘，观察鱼摄食和生长情况。注意池塘水质变化，经常加注新水，改善水质，预防缺氧和泛池，在高峰投喂季节，一般 10 ~ 15 天加注新水一次。每 15 天，用生石灰 10 ~ 15kg/ 亩化浆后全池泼洒。池水深度以 1.3 ~ 1.5m 为宜，保持水体透明度为 40 ~ 50cm。

定期检查鱼体规格，及时增加饵料。鱼苗经过 20 ~ 30 天培育，全长可达 4 ~ 5cm，这时应及时拉网分池，转入大规格鱼种培育阶段。

三　成鱼养殖

1. 池塘条件

水源充足，进、排水分开，排灌方便，交通便利，面积 5 ~ 10 亩、池深 2.5 ~ 3m、水深 1.8 ~ 2m 为宜。水质应符合渔业水质标准，溶氧量应在 4.5mg/L 以上，pH 值为 6.8 ~ 8.5，适宜透明度为 35 ~ 40cm。

2. 池塘准备

（1）池塘清整。排干池水，暴晒池底 7 ~ 10 天，清除杂物和过多的淤泥，

修整池埂。

（2）药物清塘。干法清塘，保留池水 5 ~ 10cm 深，每亩用生石灰 60 ~ 75kg，用水溶化后趁热全池泼洒，毒性消失时间为 7 ~ 10 天。带水清塘，每亩用漂白粉 15kg，用水溶解后全池泼洒，毒性消失时间为 3 ~ 5 天。

（3）注水。清塘 2 ~ 3 天后注水，水深 1.5 ~ 2m。注水时用规格为 24 孔 /cm（相当于 60 目）的密网过滤。

3. 鱼种放养

（1）鱼种质量。鱼种游动活泼，体质健壮，体色一致，体表光滑、黏液丰富，体两侧有不规则的斑点，无损伤、无疾病、无畸形。

（2）放养密度。每亩放养全长为 18 ~ 20cm 的鱼种 1000 ~ 1200 尾，搭配体长 15 ~ 20cm 的鲢鱼、鳙鱼鱼种 100 尾。

（3）放养方法。鱼种适宜放养时间为 12 月至次年 3 月，投放前必须用 2% ~ 3% 的食盐水溶液浸泡消毒 5 ~ 7 分钟。

4. 饲料投喂

以投喂配合颗粒饲料为佳，配合颗粒饲料的卫生安全要求应符合有关标准规定，饲料粗蛋白质含量不低于 32%，粒径应与不同规格鱼的口径相适应。投喂沉性饲料应设置投食台（点），浮性饲料应设置拦饵架，定点投喂饲料。日投饲率因水温而异。食用鱼饲养日投饲率见表 2-2，水温 30℃ 以上日投饲率要适当降低。鱼体重在 50g 以下日投饲 3 次，分别是 6：00—7：00、12：00—13：00、18：00—19：00；体重在 50g 以上日投饲 2 次，分别是 6：00—7：00、18：00—19：00。

表 2-2　斑点叉尾鲴日投饲率

水温（℃）	10 ~ 15	15 ~ 20	20 ~ 25	25 ~ 30
日投饲率（%）	0.5 ~ 1	1.5 ~ 2	2 ~ 3	3 ~ 3.5

饲料投喂要遵循"四看四定"的原则，切忌过度投喂，低温、阴雨天气少投，每次以半小时吃完为好。

5. 饲养管理

养殖过程中要坚持早晚巡塘，查看水质、观察鱼情，发现问题及时处理，及时清除池塘内杂物、死鱼,填写"水产养殖生产记录"。遇天气闷热、雷阵雨、阴雨等天气要实时开启增氧机,每15天换水1次,换水量约为池水总量的1/3。根据鱼苗生长情况调整水深,早期水位控制在约1m,中后期约1.5m,高温时1.8～2m。保持饲养水体的溶解氧在4.5mg/L以上,pH值6.8～8.5,透明度为40～45cm,池塘水色为淡茶褐色。高温季节每15～20天,每亩撒施生石灰15～20kg。

6. 商品鱼捕捞

斑点叉尾鮰起捕的时间应根据水温、生长状况和市场需求来决定,体重达750g以上即可捕捞上市。池塘养殖捕捞较为容易,一般拉网2～3次起捕率可达95%以上。为防止上市过于集中,最好在不同时间放养不同规格的鱼种,分批上市。错开季节在春夏季上市的商品鱼可获得更高的利润和效益。

四　病害防治

坚持"以防为主、防重于治、无病早防、有病早治"的原则。鱼苗、鱼种引进要严格进行检疫和消毒。养殖池塘、器具和运输工具应严格用药物消毒。根据斑点叉尾鮰的生活习性,创造良好的养殖条件,实行生物预防和无公害养殖。病害发生后,应正确诊断,合理用药,严禁使用违禁药物,严格执行休药期。斑点叉尾鮰几种常见疾病及主要防治方法如下。

1. 斑点叉尾鮰病毒病

病原:斑点叉尾鮰病毒。

症状:病鱼表现为嗜睡、打旋或在水中垂直悬挂,而后沉入水中死亡。病鱼首先是水肿、双眼突出、表皮发黑、鳃苍白,继而出现表皮和鳍条基部充血,腹部膨大,1%的鱼嘴部和受伤背部可出现黄色坏死区域;解剖后可见肌肉出血,体腔内有黄色渗出物,肝、脾、肾出血或肿大,胃内无食物,后肾严重损伤。隐性带毒者是暴发流行中存活的鱼,一般无临床症状。

流行情况:天然水体下病毒只感染鮰幼鱼和鱼苗,刚孵化鱼苗感染死亡率可达100%;8月龄以上的鮰鱼很少感染斑点叉尾鮰病毒。斑点叉尾鮰病毒暴发流行与水温、养殖方式有着密切关系,疾病的暴发流行最适水温为25～30℃,

27℃时死亡率较高,温度低于18℃时死亡率明显下降甚至停止。20℃时潜伏期10天, 25～30℃时潜伏期3天,20℃以下不发病。高密度养殖、运输、水污染等胁迫因素及细菌感染均可诱发或引起疾病流行和大量死亡。斑点叉尾鮰病毒可水平传播和垂直传播。

防控方法:①通过培育或引进抗病品种、注射疫苗,提高鱼种抗病能力。②加强饲养管理,夏季要降低鱼苗的养殖密度,减少环境胁迫。③渔场中应设置隔离带将鱼卵孵化区和刚孵化鱼苗饲养区分开,并确认与带毒鱼完全隔离。④处理发现患病鱼或疑似患病鱼必须销毁,并对养鱼设施进行彻底消毒。

2. 肠道败血病

病原:鮰爱德华氏菌。

症状:病鱼早期感染时食欲减退,严重时悬垂于水中,呈"呆水"状。慢性感染的鱼头部两眼之间的头颅顶中部腐烂成一个洞,体内有血红或淡黄色清水样腹水,肝脏、肠、体腔壁及切开的肌肉组织有紫斑样的出血,肾脏、肝脏、脾脏肿大,脾脏呈深红色,肝脏及胰脏有白色坏死病灶。急性感染的鱼体表出血,多出现在下颌、眼眶周缘、腹部、体侧或鳍的基部。体侧表皮受损形成一个开口小溃疡,眼球突出,鳃片灰白、肿大。

流行情况:斑点叉尾鮰各个生长期对爱德华氏菌均较易感染,以大规格鱼种感染最为严重,发病水温为12～28℃,流行季节为春季(5—6月)与秋季(9—10月)。此病多由放养密度过大、水体溶氧长期偏低、池塘有机物沉积过多、饲养设施不完善、水源水质较差等因素引发。

防治方法:①选择投喂优质饲料,在发病期减少饲料投喂。②在饲料中添加维生素C可以增强鱼的抵抗力。③在发病期间,全池泼洒稳定性二氧化氯(0.3mg/L)或强氯精(0.4mg/L)或漂白粉(1mg/L)。④使用抗生素药物盐酸多西环素、恩诺沙星或硫酸新霉素时(国标药物,任选一种即可),拌饲料投喂,每天一次,连喂3～5天。⑤及时对病鱼死鱼进行无害化处理。

3. 柱形病(腐皮病)

病原:柱状黄杆菌。

症状:病鱼体色发黑,反应迟钝,游动迟缓,摄食减少或停止摄食。病鱼可出现不同程度的烂尾、烂鳍、烂鳃、皮肤灶性腐烂或体表溃疡灶，部分可在唇部、头部等身体多个部位出现黄色增生物。病鱼内脏器官病变表现常不明显，偶见脾脏肿大发黑。

流行情况：柱形病一年四季均可发生，较温暖的春末、秋初为多发季节，水温 25 ~ 32℃时最常见。柱形病的发生与鱼类应激反应因素直接相关。

防治方法：①池塘消毒要彻底，鱼种放养时对鱼体进行消毒。②保持水质清新，每 15 ~ 20 天每亩 1m 水深用 10 ~ 15kg 生石灰化水全池泼洒。③用甲砜霉素或氟苯尼考拌饵投喂，每天一次，连续 3 ~ 5 天。④用五倍子 1 ~ 1.5g/m³ 全池撒施。

4. 出血性败血病

病原：嗜水气单胞菌。

症状：病鱼在水中呈抽搐性游动，不摄食。体表有稀疏的圆形溃疡，腹部肿胀，眼球突出，体腔内充满带血的液体，肾脏变软、肿大，肝脏灰白色带有小的出血点，肛门常有出血症状，肠内充满带血或淡红色的黏液。

流行规律：此病常年可发生，主要流行季节为春季、夏季、秋季，水温在 18 ~ 30℃时，鱼种、成鱼均可感染发病。

防治方法：①饲养水体定期用生石灰水或氯制剂交替进行水体消毒，4—10 月每半个月 1 次，10 月以后每月 1 次。②已发病的病鱼，用抗生素药物盐酸多西环素、恩诺沙星或硫酸新霉素时拌饵投喂，每天一次，连喂 3 ~ 5 天。③在饵料加工时，添加适量的维生素 C（每千克饵料中添加 150 ~ 300mg）可以增强疗效。连续投喂 20 天以上。

5. 小瓜虫病

病原：多子小瓜虫。

症状：感染小瓜虫的病鱼头、躯干、鳃、鳍、口腔处形成许多小白点，并伴有大量黏液。表皮糜烂、脱落。病鱼体色发黑，游动异常，呼吸困难。

流行情况：流行于秋末和初春，水温 15 ~ 25℃是其暴发性致病的最适水温。

防治方法：①防止野生鱼类进入养殖体系，鱼塘灌满水之后，至少要自净

3 天以后才能放入鱼苗。②曾经发生过小瓜虫病的鱼塘，要进行彻底清塘，干塘撒生石灰（200kg/亩），并且在烈日下暴晒一周。③保证鱼群的营养，如饲喂全价饲料，提高鱼体的免疫力。④用 10g/m³ 浓度的高锰酸钾进行短时（20分钟）浸泡，或以 2% ~ 3% 盐水浸泡，有一定预防和治疗效果。⑤有条件的地方，将水温提高到 28℃以上，使虫体自动脱落而死亡。⑥将养鱼的水槽、工具进行洗刷和消毒，否则附在上面的包囊又可再感染鱼。

第七节　泥鳅池塘健康养殖技术

一　概况

泥鳅是常见的小型淡水经济鱼类。在我国除青藏高原外,各地河川、沟渠、稻田、堰塘、湖泊、水库均有天然分布。我国鳅科鱼类多隶属于花鳅亚科,主要是花鳅属、泥鳅属、副泥鳅属。泥鳅属的泥鳅和副泥鳅属的大鳞副泥鳅形态相近、生活习性相似,人们习惯把泥鳅与大鳞副泥鳅统称泥鳅,作为特种经济鱼类进行饲养。泥鳅深受人们的青睐,市场前景良好。泥鳅对水质的要求不太严格,池塘、稻田、水沟都能养殖,在农村有广阔的发展空间,是农民增收致富的有效途径。泥鳅也是我国传统出口的主要淡水经济鱼类之一,主要出口地包括日本、韩国,以及东南亚等地。

二　池塘健康养殖技术

泥鳅养殖主要有池塘养殖、水泥池养殖、稻田养殖、网箱养殖、泥鳅套养、泥鳅流水养殖等几种模式。本节重点讲泥鳅池塘养殖。

1. 池塘条件

饲养泥鳅的池塘形状应以东西长、南北宽的长方形（长、宽比为 2 : 1 或 3 : 1）为宜,面积 1 ~ 5 亩,要求日照充足,温暖通风,排灌方便,交通便利。池塘底质为腐壤土,中性或弱酸性。

在放苗前 15 天左右,用生石灰或漂白粉清塘消毒,以杀灭池中的致病菌、野杂鱼等。用生石灰消毒时,将池水排干或保持水深 6 ~ 10cm,每亩施用 75 ~ 150kg,化水后全池泼洒,然后灌水 20 ~ 40cm。施用漂白粉可带水清塘,$20g/m^3$ 化水全池泼洒。清塘后再在池塘四角和鱼沟中堆放经过发酵腐熟的厩肥,培育池塘中天然饵料生物,使鳅苗一下塘便可摄食到天然饵料。有机肥的施用量为每亩 150 ~ 250kg。施肥后 7 ~ 10 天,毒性消失,池水变肥,池中天然饵料生物如枝角类、桡足类等出现，水体透明度达到 20 ~ 25cm 时，即可投放鳅苗。

2. 池塘主养

（1）放养密度。鳅苗的放养量与鳅苗规格、池塘条件、饲料来源和饲养水平等因素有关。规格为 700 尾/kg 左右的鳅苗，一般每亩放养 3 万 ~ 5 万尾。经过 5 ~ 6 个月的饲养，平均个体可达 20g 以上，亩产可达 450 ~ 600kg。

泥鳅的最适饵料配方
鱼粉 15%、豆粕 20%、菜籽饼 20%、四号粉 30%、米糠 12%、添加剂 3%。

（2）饲料投喂。泥鳅为温水杂食性鱼类。在进行池塘饲养时，除了施肥培育天然饵料生物外，还应投喂鱼粉、鱼浆、蚕蛹、猪血等动物性饲料，以及麸皮、米糠、菜饼、豆饼、豆渣等植物性饲料，也可以上述饲料为原料制成配合饲料进行投喂。

泥鳅的食性与水温有密切联系。水温在 16 ~ 20℃时，以植物性饵料为主，占 60% ~ 70%；水温在 21 ~ 23℃时，动物性、植物性饲料各占 50%；而水温超过 24℃时，增投动物性饲料至 60% ~ 70%。

3. 捕捞

泥鳅具有钻泥的特性，因此较难捕捞时。根据泥鳅逆水钻泥的习性，可采用冲水捕捞、网片或鱼笼诱捕，也可进行干池捕捞等方法。

（1）冲水捕捞。可在靠近进水口的地方铺上网片，网片大小为进水口的 3 ~ 4 倍，网目大小为 1.5 ~ 2cm，在网片的四角系上提绳，放置于进水口处的池底，然后从进水口放水，用微流水刺激，使泥鳅慢慢群集到进水口附近，间隔一段时间后，提起网片即可捕获。连续进行多次，即可将池塘中的泥鳅捕起 70% ~ 80%。

（2）网捕。网捕是将网片铺设在食台底部，待泥鳅集群摄食时提起网片即可捕获。

（3）笼捕。在鱼笼中投放泥鳅喜食的饲料，放置于池边浅水区，泥鳅会钻入笼中觅食，数小时后提起鱼笼即可捕获。采用此法诱捕泥鳅最好在夜间进行，因为泥鳅多在夜间活动和觅食。采用此法捕捞的泥鳅无损伤，但受水温的影响较大。在闷热天气或雷雨前后施行效果最佳。当水温超过 30℃或低于 15℃时，泥鳅因食欲减退或停止摄食，诱捕效果较差。

（4）干池捕捞。入秋后，水温下降，泥鳅活动减弱，开始钻入池底泥中越冬，此时可采用排干池水的方法捕捉泥鳅。先将池水缓慢地排出，使泥鳅集中到排水口处的鱼沟中，待池水排干后，即可在鱼沟中翻泥捕捞。如果要将池养的泥鳅回捕 80%～90%，在捕完鱼沟中的泥鳅后，还应将整个池底分区，中间挖排水沟，使泥鳅集中到排水沟中，再用手抄网捕捞，最后在池底各小区进行翻泥捕捉。干池捕捞多在水温为 10～20℃时采用。

三 饲养管理

1. 水质调控

池塘水质的好坏对泥鳅的生长发育至关重要。饲养池塘的水质要求"肥、活、嫩、爽"。池水以黄绿色、透明度以 20～30cm 为宜，酸碱度为中性或弱酸性。当池水透明度大于 30cm 时，应追施有机粪肥，增加池塘中的桡足类、枝角类等泥鳅的天然饵料生物；透明度小于 20cm 时，应减少或停施追肥。坚持每天早晚巡塘，注意观察泥鳅的活动和摄食情况，了解是否缺氧及缺氧程度。夏季清晨，如果只有少数泥鳅浮出水面或在池中不停地上下蹿游，太阳升起后便自动消失，这种情况属于轻度缺氧。如果有大量的泥鳅浮于水面，驱之不散或散后迅速集中，同时伴有水色发暗、池水过浓呈茶褐色或黑褐色、池水透明度小于 20cm 时，就表明水质恶化，缺氧比较严重，此时要加注新水或者泼洒增氧剂。在高温季节要暂停施追肥，适当加深水位，定期开启增氧机。

在饲养过程中，要每周全池泼洒一次生石灰、漂白粉或光合细菌，进行水质调节和水体消毒，杀灭致病菌。生石灰的用量为 5kg/ 亩，化水全池泼洒；漂白粉的用量为 1～2g/m³，化水全池泼洒。养殖中后期每个月施用 1～2 次光合细菌，每次用量为 5～6g/m³。施用光合细菌 5～7 天后，池水水质即可好转。

最适泥鳅生长的水温为 23～28℃，当池塘水温高于 30℃时，泥鳅便会停止摄食，钻入池底淤泥中避暑。为了延长泥鳅的生长时期，在饲养过程中的高温季节，应经常加注新水，并在池塘宽边或四角栽种莲藕等挺水植物遮阴以降低水温，使泥鳅能快速生长。种草面积应控制在总水面的 15% 左右。

每天投喂饲料前，要先检查和清扫食台，观察泥鳅的摄食情况，及时捞出食台上的残饵，防止残饵腐化分解败坏水质，引发疾病。

2. 投饲管理

可以投喂鱼粉、蚕蛹、猪血（粉）等动物性饵料，谷物、米糠、大豆粉、麸皮、蔬菜、豆腐渣等植物性饲料以及配合饲料。配合饲料的粗蛋白含量应达 30% 以上。鳅种放养第一周先不用投饵。一周后，每隔 3 ~ 4 天投一次。开始投喂时，将饵料撒在池塘一片固定区域上，之后逐渐缩小范围，集中定点投喂。一个月后，泥鳅正常吃食时，每天喂 2 次，分别在 8：00—9：00，17：00—18：00 各投喂一次。日投饲率 2% ~ 4%，早春和初秋一般为 2%，7—8 月以 4% 为宜。水温 15 ~ 20℃时，日投饲率以 2% 为宜；水温 20 ~ 28℃时，增至鱼体总重的 3% ~ 5%；水温高于 30℃或低于 10℃时，减少投喂。每次投喂的饲料量，以 2 小时内吃完为宜。

配合颗粒饲料直接投喂。粉状饲料将饲料加水搅拌，捏成团块，沿池塘四周散投。

3. 日常管理

做好巡塘工作。每天早、中、晚巡塘 3 次。密切注意池水的水色变化和泥鳅的活动情况，及时观察摄食状况，防敌害生物，防逃逸。

（1）防敌害生物。泥鳅的敌害生物种类很多。泥鳅个体小，容易被敌害生物猎食，在饲养期间，要注意杀灭和驱赶敌害生物。鲶鱼、乌鳢等凶猛的肉食性鱼类有辅助呼吸器官，能够在饲养泥鳅的池塘中生存，会吞食泥鳅。因此，养鳅池中必须彻底清除这些凶猛肉食性鱼类。在鳅苗下池前用生石灰彻底清塘，在进水口处加设拦鱼网，防止凶猛肉食性鱼类进入养鳅池；对于池中的凶猛肉食性鱼类，可采用钩钓的方法清除。清除鲤鱼、鲫鱼等与泥鳅争食的鱼类可采用与清除凶猛肉食性鱼类相同的方法。池塘中若有蝌蚪及蛙卵，不可用药物毒杀，应用手抄网将蛙卵或集群的蝌蚪轻轻捞出，投放到其他天然水域中。

（2）防逃。泥鳅善逃，当拦鱼设备破损、池埂坍塌或有小洞、裂缝外通、汛期或下暴雨发生溢水时，泥鳅就会随水或钻洞逃逸。特别是池塘高密度饲养时，即使只有很小的水流流入饲养池中，泥鳅便可逆水逃走，往往可在一夜之间逃走一半甚至更多。

防止泥鳅逃跑主要注意以下几点：①在清整池塘时，清除池埂上的杂草，夯实和加固加高池埂，避免因池水浸泡发生坍塌龟裂。②加强巡塘。经常割除池埂上的杂草，便于查看池埂是否有小洞或裂缝外通，如有，应即时封堵；查看进、排水口的拦鱼设备是否损坏，一旦有破损，要及时修复或更换。③在汛期或下暴雨时，要主动将池水排出，整固池埂，疏通排水口及渠道，避免发生溢水逃鱼。

四　病虫害防治

1. 预防措施

泥鳅在饲养过程中的病虫害较少。泥鳅发病多因日常管理和操作不当引起，且一旦发病，治疗起来也较困难，因此，对泥鳅的疾病应以预防为主。病害预防常采取以下措施：①放养前对养殖池进行清整消毒。②鳅苗（种）放养前严格消毒。③定期对食台及养殖生产工具进行消毒。④控制水质，投喂新鲜饲料。⑤不时对水体进行消毒。

2. 常见病害的诊断与治疗

泥鳅的常见病害有由水霉菌感染引起的水霉病，车轮虫、舌杯虫等寄生引起的疾病，以及细菌感染引起的赤皮病、腐鳍病、烂尾病等。

水霉病用400mg/L的小苏打与0.04%的食盐配制而成的混合液全池泼洒。

车轮虫病和舌杯虫病采用0.2～0.3mg/L硫酸铜溶液来治疗。

赤皮、腐鳍、烂尾病采用0.8～1.0mg/L漂白粉、0.2～0.5mg/L聚维酮碘泼洒或0.2～0.3mg/L二氧化氯全池泼洒。

第八节　黄鳝池塘网箱养殖技术

一　概况

黄鳝是深受国内外消费者喜爱的美味佳肴和滋补保健食品,在国内外市场上十分畅销。由于黄鳝体内富含 DHA、EPA 和其他药用成分,因而在深加工和保健品开发上具有极大的发展潜力。目前供应黄鳝市场的货源主要来自野生捕捞鳝种人工饲养成大规格商品鳝,野生鳝的资源已被大量破坏。需求的增长和资源的减少使黄鳝的市场供应日趋紧张,价格稳步提高。诸多因素表明,人工养殖黄鳝具有广阔的利润空间,但由于鳝种的制约,在发展黄鳝养殖时要因地制宜,适度规模经营。

二　常见养殖技术模式

1. 当年上市养殖模式

即当年放种当年上市的养殖模式。一般在 6 月下旬至 7 月放种,年底上市。优点是资金周转快,无越冬的风险;缺点是规格偏小,增重倍数低,单位重量鳝种成本稍高。

2. 隔年上市养殖模式

即当年放种,第二年上市的养殖模式,一般在 8 月放种,第二年 4—6 月上市。优点是避开放种高峰期,鳝种成本较低;增重倍数大,单位重量鳝种成本低;养成规格大,销售价格高,效益好。缺点是存在越冬风险,对养殖技术要求较高。

三　池塘网箱养鳝条件

池塘网箱养鳝需将网箱设置在鱼池中,养殖黄鳝的鱼池应符合精养鱼池条件。

（1）鱼池地势要稍高，背风、向阳，周边环境安静，水源充足，水质良好，不受污染。

（2）鱼池形状以长方形为宜，长、宽比为 2∶1 或 3∶2。

（3）鱼池东西向长，这样可增加鱼池日照时间，有利于鱼池中浮游植物进行光合作用，保证溶氧充足。同时，东西向长对避风有好处，可减少南北风浪对池埂冲刷和网箱的漂打。

（4）池中水质应保持一定的肥度。

（5）鱼池面积以 5 ~ 10 亩为宜，池深 2.5m，水深 1.8 ~ 2.2m；水中无杂物，透明度 20 ~ 30cm，鱼池底部要平坦，向排水方向稍倾斜；鱼池排灌方便，避免串灌，防止疾病传染。

（6）有充足的动物性饵料来源。

（7）池埂要有 2m 以上的面宽，便于生产操作。池埂内边坡坡比为 1∶2.5，用水泥或石块护坡更好。

四 种苗放养

（一）放种前准备

1.清池消毒

（1）池塘清整。新建池塘可直接进水消毒。经过养殖的老池塘，一般在黄鳝起产后即可干池，干池后将垮塌的池埂修整好，清除池底过多的淤泥，修理好进、排水设施，然后晒池 15 ~ 20 天。

（2）进水消毒。晒好池第一次进水时，进水深 50 ~ 80cm，检查池埂是否漏水，进水口要用网布拦截，防止野杂鱼虾进入池塘。然后进行池塘消毒，以杀灭池中的野杂鱼虾、其他敌害生物和各类病原。清塘消毒所用药物及方法与常规鱼池的清塘消毒相同，不得使用禁用药物。

2.网箱架设

（1）网箱架设时间。网箱架设的时间应在鳝种进池前 2 个月，新网箱可直接架设，养过鳝鱼的旧网箱应先检查是否有破损的地方，修补好后应暴晒一天，下池前再用聚维酮碘溶液浸泡 20 ~ 30 分钟，以杀灭箱上携带的病原。

（2）网箱规格。目前最常见的规格是 3m×2m×1.5m，每个网箱面积 6m²左右。小体积网箱更有利于箱内外水体交换，也便于人工操作。

（3）网箱材料。采用质量较好的聚乙烯无结网片缝制。

（4）网箱安装。一个 3m×2m 的网箱用 6 根竹竿或 4 根木桩固定，网箱底部四角固定在竹竿上，以免网片上浮，也可在池塘对应的两边打桩，将钢丝绳固定在桩上，再把网箱挂在绳上，四角吊石头防止网片上浮，网箱之间必须留有操作管理的通道。网箱入水 0.8 ~ 1.0m，露出水面 0.5 ~ 0.7m。箱底与池底距离最好在 0.5m 以上。网箱数量视具体情况而定，以网箱总面积占鱼池水面的 30% ~ 40% 为宜。

3. 水草培育

（1）水草的作用。网箱养鳝时水草很关键，因网箱内无泥，黄鳝主要靠水草栖息。水草以水花生为最好，水草必须多放，成活后以看不见水为宜。

（2）水草的培育。网箱架设好以后即可培育水草，草种投放量可占网箱面积的 1/2 ~ 3/5，均匀铺放在箱内水面上，待水草长满网箱后，翻草一次，以增加箱中水草的厚度。

箱内水草宜多不宜少，但要在网箱两头各留一处能看见水的地方，作为投饵场让鳝鱼吃食，该位置要固定，脸盆大小即可。

4. 套养鱼种放养

（1）放养时间。当池塘消毒药物药性消失后即可放养。

（2）放养品种。鳝池套养品种主要为花白鲢、草鱼、黄颡鱼、细鳞斜颌鲴、鲫鱼等。

（3）放养规格及密度。每亩水面放养量为：100 ~ 150g/ 尾的花鲢 20 尾，50 ~ 100g/ 尾的白鲢 50 尾，500g/ 尾左右的草鱼 15 尾，10 ~ 15g/ 尾的黄颡鱼 50 ~ 100 尾，15 ~ 25g/ 尾的细鳞斜颌鲴 40 尾，50g/ 尾的鲫鱼 30 尾。

（二）鳝种放养

1. 苗种来源与选择

鳝种的来源有两个：一是在每年的 4—10 月在稻田和浅水沟渠中用鳝笼捕捉，二是从市场上采购。无论是自捕还是购买，都以笼捕为好，钩捕或电捕的鳝种因体内有伤，成活率极低，即使不死，生长也极其缓慢。黄鳝依体色一般可分为三种：一种是体色黄色或土黄色并夹杂有大斑点，增肉倍数为1：（5 ~ 6），生长较快，以此作养殖品种较佳；第二种为体表青黄色；第三种体灰色且斑点细密。后两种生长速度缓慢，增肉倍数只有1：（1 ~ 3），不宜人工养殖。

2. 放养时间

采用当年上市模式的放养时间为6月下旬至7月，采用隔年上市养殖模式放养时间为8月。放种时必须选择晴好天气，要求鳝种产地进种前3 ~ 5天为晴天，养殖地放种后2 ~ 3天为晴天。

3. 放养规格与密度

投放的鳝种每箱内必须规格一致以免互相残食。放养密度以1 ~ 1.5kg/m³为宜，放养规格为体重20 ~ 70g，以50g左右为最好。放养时在箱内搭配放养泥鳅3 ~ 5尾/m²，可起到清除残饵、清洁网箱的作用。苗种应健康无损伤、无病灶，体质强壮。鳝种下箱前必须用3% ~ 5%的食盐水或20g/m³的高锰酸钾水浸泡5 ~ 10分钟，以杀灭外来病源。放种前一天池塘及网箱内水体全部用0.5mg/L聚维酮碘溶液泼洒消毒。

五　饲养管理

（一）水质要求

网箱养鳝池塘要求水色为黄绿色或黄褐色，透明度为25 ~ 30cm，溶氧量在4mg/L以上，pH值6.8 ~ 8，氨氮浓度0.2 ~ 0.5mg/L，亚硝酸盐浓度小于0.1mg/L。

（二）投饲管理

1. 驯食

收购或捕捞的鳝苗放养后先停食2 ~ 3天，然后用鲜鱼打成浆或肉泥，加稀水冲稀（鱼肉与水的比例为5：1），用纱布过滤除去鱼肉、鱼刺等，再用滤出的鱼浆水浸泡颗粒配合饲料（1kg饲料使用0.5kg鱼浆水浸泡10分钟），然后定点投入网箱内。第一天投饵量为鱼体重的1%，以后根据吃食强度适度调整投饵量，并逐步减少鱼浆用量直到完全不用，一般7天左右可诱导黄鳝正常摄食人工配合饲料。进食冰冻鱼、鲜鱼、蚯蚓等的鳝苗放养后停食时间须稍长一些，浸泡饲料的鲜饵必须使用停食前使用的鲜饵。因黄鳝对食物转化的适应期较长，一旦摄食正常后不要轻易改变饲料品种，以免造成停食，影响生长。驯食过程中，浸泡饲料的鱼浆水中不能混有成形的鱼肉块等物，否则鳝苗会选择先吃这些成形物，影响驯食。

2. 投喂管理

（1）定质。饲料必须新鲜且营养丰富，常用的鳝鱼饵料主要有蚯蚓、小杂鱼虾、螺蚌肉、鲜鱼肉等鲜活饵料及全价配合饲料。饲料种类不能随意改变。

（2）定位。饲料需投在固定的位置上，一般6m² 网箱设2个投饵点，箱中投饵点分布要均匀。

（3）定时。每天在傍晚喂食1次即可，秋季水温渐低，可逐步提前到温度高的中午喂食。

（4）定量。水温在22～28℃时，日投饵率为2%～3%（指全价配合饲料，不含动物性鲜活饵料，在此温度之外投喂量酌减，30℃以上、15℃以下时可停止投饵。投喂量根据"四看"来灵活掌握。一看天气：天气晴、水温适宜（22～28℃）可多投，阴雨、大雾、闷热天少投或不投，并及时捞除残剩饲料；秋冬之交水温适宜可在晴天适当少喂。二看水质：水呈油绿色、茶褐色，说明水体溶氧充足，可多喂饲料；水色变黑、发黄、发臭等，说明水质变坏，宜少投或不投饲料，并及时采取相应措施改良水质。三看黄鳝大小：个体大，投饵多；个体小，投饵少，并随个体生长逐渐加投饲料。四看吃食情况：所投饲料在半小时内被吃完，说明摄食旺盛，下次投饵量应适当增加；如果没有人为和环境因素影响，1小时后饲料还剩余较多，应减少投饵量，并注意检查黄鳝是否发病。

（三）高温管理

1. 控制水温

适宜黄鳝生长的温度为 22 ～ 28℃。当水温高于 28℃时，其摄食量明显下降，生长受到抑制。因此，高温季节要做好防暑降温工作。

2. 促进水草生长

水可遮挡部分阳光，降低池水水温，且便于黄鳝潜伏，有利于黄鳝栖息，因此要促进水草生长。

3. 勤换水

盛夏气温高，要时刻注意水温，适时换水，使水位保持在 1.7m 左右。每次换水量为 10cm 水位左右，不宜一次换水过多。

4. 管理好水质

鳝池水质要保持肥而不腐、嫩而不老、爽而不寡、活而不疏。

5. 防止黄鳝浮头

在正常饲养条件下，如出现一般性浮头，说明放养密、投饵多、黄鳝生长旺。但在天气闷、阴雨天、水质严重恶化、水面出现气泡等情况下，或早晚巡塘时发现黄鳝受惊跳动、群集水面、散乱游动，则说明是严重缺氧，必须迅速处理。对轻度浮头，只需立即注入新鲜水增氧即可，但千万不能在傍晚注水，以免造成上下水层对流反而加剧浮头。暗浮头多发生在夏季和秋初，由于症状轻，不易察觉，如不及时注水预防，易发生泛池死亡。对天气、水质突变引起的浮头，只要减少投饵，将饵料残渣及时捞出，注入新水即可解决。

（四）越冬管理

1. 越冬前饲养管理

在黄鳝越冬前要加强投喂，并在饲料中添加水产多维、保肝护肝、抗应激产品，增强黄鳝体质。当水温降至 22℃时，逐步降低配合饲料用量，提高鲜活动物性饲料比例，将配合饲料与鲜活动物性饲料比例由 1∶1 逐步改变为 0.5∶1。在停食前驱一次虫，全池（含网箱内）进行一次消毒，消毒后 3 ～ 4 天，全池撒施一次改水改底微生物制剂。当水温降至 15℃时应着手准备黄鳝越冬。

2. 越冬期管理

越冬期间,黄鳝进入冬眠状态,应将池水加至最大水位,保证池水温度。当遇冰冻天气时,应在网箱上加盖稻草和薄膜,防止黄鳝发生冻害。冬季水草枯萎后,防止水老鼠进入箱中危害黄鳝。如果池塘存在漏水现象应及时加水,保持水位。

3. 越冬死亡的原因及预防

(1)体质太差。从越冬前的秋季开始加强饲养管理,以增强黄鳝体质。主要措施有:投喂充足优质饵料;秋天水温逐渐降低,傍晚吃食减少时,可以把投喂时间逐步提早到水温较高的中午进行。

(2)水草不适。冬季黄鳝仍需要栖息在水体上层的水草中。越冬前应在网箱中培植大量的水草,水草品种以水花生最好。

(3)水质不良。越冬期间需保持一定的水体肥度,经常加注新水并保持高水位。

(4)水面结冰。黄鳝对低温的耐受能力一般为1℃。若网箱中水草不能覆盖水面而导致水面结冰,时间过长也会导致黄鳝死亡。可在枯萎的水草上加盖干稻草、薄膜等。

(5)病害侵袭。越冬前必须严格防病,有病则要及早治疗。黄鳝冬眠前还要向水体泼洒一些杀菌灭虫药物预防。

(6)人畜等为害。冬眠期黄鳝活动能力极弱,冬季切莫随意拉动水草和搅动水体。

六 病虫害防治

1. 细菌性肠炎

症状:行动缓慢,停止摄食,头部特别黑,腹部出现红斑,肛门红肿,轻者腹部有血和黄色黏液流出,重者发紫,肛门外翻,很快死亡。此病一般在4—7月发生,流行较快。

防治方法:在发病季节每10～15天用漂白粉消毒1次,用量为1g/m³。

发病期间,连续3天,每天1次泼洒0.3mg/L二溴海因。再结合以下方法治疗：用氟苯尼考拌料投喂，1kg 饲料加药 3g，每天 1 次，连用 3 天，病情严重时适当增加药量。每 50kg 鳝种用大蒜 250g，捣烂拌料投喂，连续投喂 3 ~ 5 天。

2. 打印病

此病又叫梅花斑病，夏秋季常发病。病原为细菌。

症状：黄鳝背部及两侧出现大豆大小的梅花斑点，发红、溃疡、出血，使黄鳝无法钻入洞穴。

防治方法：用漂白粉（1g/m³）化水泼洒。预防只泼洒 1 次，治疗需连续泼洒 3 次。或用聚维酮碘（30g/m³）浸洗病鳝 15 ~ 20 分钟，或用氟苯尼考拌料投喂，1kg 饲料加药 3g，每天 1 次，连用 3 天。

3. 毛细线虫病

病原体为毛细线虫，虫体白色，细长如线，体长 2 ~ 11mm。

症状：病鳝常将头伸出水面，腹部向上，食欲减退或不摄食，体色变青发黑，肛门红肿。解剖后肉眼可见肠内有乳白色线虫，钻入肠壁黏膜层，破坏组织，导致肠中其他病菌侵入肠壁，引起发炎溃烂，如大量寄生可引起死亡。

防治方法：用 90% 晶体敌百虫（0.5g/m³），全池泼洒，可预防此病。或每 50kg 黄鳝用 90% 晶体敌百虫 5 ~ 7g 拌饲料投喂，连喂 6 天。或用贯众、荆芥、苏梗、苦楝树根皮（比例为 16：5：3：5）中草药合剂，按每 50kg 黄鳝用药总量 290g 加入相当于总量 3 倍的水煎至原水量的 1/2，倒出药汁，再按上述方法加水煎第二次，将第二次煎制的药汁拌入饲料投喂，连喂 6 天。

4. 棘头虫病

病原体为棘头虫，白色条状蠕虫，能收缩，体长 8.4 ~ 28mm。

症状：病鳝的食欲严重减退或不进食，体色变青发黑，肛门红肿。解剖后肉眼可见肠道充血发炎，阻塞肠管，使部分组织增生或硬化，严重时可造成肠穿孔，引起黄鳝死亡。

防治方法：水体用 90% 晶体敌百虫（0.5g/m³），全池泼洒，可预防此病。每 50kg 黄鳝用 90% 的晶体敌百虫 5 ~ 7g，拌于饲料中投喂，连喂 6 天。

5. 复口吸虫病（又称"黑点病"）

病原体为复口吸虫的尾蚴和囊蚴，主要寄生于成鳝。

症状：发病初期，体表灰暗呈现黑点，随后眼眶渗血，黑点变大成黑斑，并蔓延至多处；停食，不入穴，游态常为挣扎，萎瘪消瘦而死亡。

防治方法：彻底消除中间宿主锥实螺，水体用硫酸铜（0.7g/m³），化水泼洒。

6. 水蛭病

此病又叫蚂蟥病。水蛭牢固地吸附于鱼身，吸取黄鳝的血液为营养，且会破坏寄生处的表皮组织，引起细菌感染。

症状：患病黄鳝活动迟钝，食欲减退，影响生长。据观察，一条黄鳝的体表可寄生10多条水蛭，多的甚至超过100条，可导致黄鳝死亡。

防治方法：① 2.5g90% 晶体敌百虫溶液兑25kg水浸洗黄鳝10～15分钟，安全、效果好。②将高锰酸钾（5g/m³）化水后泼洒，浸泡病鳝半小时。③用老丝瓜瓤浸入鲜猪血中，待猪血灌满瓜瓤并凝固时即放入水中，30分钟后，取出瓜瓤即可诱捕大量水蛭，反复多次即可捕净。

7. 发烧病

多发生于高密度养殖或高密度运输时。

症状：黄鳝焦躁不安，相互缠绕，造成大批死亡。死亡率可达90%。

防治方法：①鳝池内可混养少量泥鳅，以清除残饵，并通过泥鳅上下窜，防止黄鳝相互缠绕。②黄鳝发病后，立即更换新水。③在运输前先经蓄养，勤换水，使黄鳝体表泥沙及肠内容物除净，水温23～30℃情况下，每隔6～8小时彻底换水1次。

第九节　小龙虾养殖技术

一　概况

我国小龙虾养殖呈逐年增长趋势，养殖产量由有统计数据以来的 2003 年的 5.16 万 t 增加到 2020 年的 239.37 万 t，增长 40 多倍，位列我国淡水养殖品种第 6 位（前 5 位均为大宗淡水鱼品种）；养殖业总产值 748 亿元。2020 年，湖北省小龙虾产量达 98.2 万 t，占全国的近 40%；以稻田综合种为主的小龙虾养殖面积达到 790 万亩。小龙虾是湖北省第一个单一水产品种产值突破百亿元大关的品种。经过近 20 年的快速发展，小龙虾养殖仍有较好的市场前景，但应适当控制养殖面积增速，控制养殖风险，提高养殖效益。

二　池塘主养技术

（一）放养前的准备

1. 清塘与施肥

在虾苗放养前 15 天，每亩水面用约 100 kg 生石灰干法消毒，清除敌害生物及竞争生物，杀灭病原体，同时每亩施放 100 ~ 300 kg 的腐熟有机肥堆于池塘四周培肥水质。然后进水 60cm，进水口用 40 目的筛绢网过滤，防止敌害生物、野杂鱼苗进入池中。

2. 水草栽种

水草栽种面积一般占整个池塘面积的 1/3 ~ 1/2，主要品种有水花生、马莱眼子菜、伊乐藻、金鱼藻、苦草等。四周移植水花生，可在离池埂 1.5 ~ 2m处用绳固定围拦，还可以放养水浮莲、水葫芦等浮水植物。

3. 建防逃墙

池埂四周用塑料薄膜或钙塑板建防逃墙，下部埋入土中 20 ~ 30cm，上部高出池埂70～80cm；每隔1.5m用木桩或竹竿支撑固定，既防虾攀爬、打洞外逃，又防陆地的老鼠、蛇、青蛙等敌害进入，进、排水口要用铁丝网或栅栏围住，防止虾逐水外逃。

（二）苗种放养

1. 苗种质量

同虾稻生态综合种养技术要求。

2. 放养方法

苗种放养时间应选择早晨或傍晚进行，避免水温相差超过±3℃。经过长途运输的苗种运至池边后先让其充分吸水，排出头胸甲两侧内的空气，再放养下池。具体做法是：将虾苗或虾种及包装一起放入池水中，让水淹没2～3分钟后提起，反复2～3次，再用2%～3%的食盐水洗浴2～3分钟，多点分散放养，每个放养点要做好标记。第二天在各个放养点进行检查，发现有死虾要捞出秤重、过数，并及时进行补充。

3. 放养密度

放养密度要根据计划产量、成活率、估计成虾个体重量等来决定。主养池塘一般每亩放养虾苗种1.5万～2万尾。

（三）饲养管理

1. 水质管理

水质管理要掌握"春浅、夏满"和"先肥、后瘦"的原则。

（1）水位控制。春季水位一般保持在0.6～1m之间，有利于水草生长。水位低，水温易上升，幼虾的蜕壳生长就快。夏季水温较高时，水深可控制在1.5m，以降低池水温度，有利小龙虾度夏。

（2）水质调节。早春适当施肥，有利生物饵料和水草的生长，通常将早春池水透明度控制在30cm，夏季透明度控制在40cm以上。养殖前期每周加水或换水一次，每次换5～30cm，高温季节每2～3天换水1次，每次换水30cm，保持养殖水体"肥、嫩、活、爽"。养殖期间每隔15～20天泼洒一次生石灰水，每亩用量为10kg。

2. 投饲管理

饲料应以配合饲料为主，幼虾饲料蛋白质含量≥30％，成虾的饲料蛋白质含量≥26％，饲料溶散时间在5小时以上。每日投喂2次，分别在7：00—9：00和17：00—18：00。在春季和晚秋水温较低时，每日投喂1次。日投饲率为池塘存虾量的3％～8％，以傍晚投喂为主，饲料应多点散投、定点检查，宜投喂在岸边浅水处、池中浅滩和虾穴附近。投饲应注意以下事项。

（1）小龙虾很贪食，即使在寒冷的冬季也会吃食，冬季有留塘虾的池塘，也要适当投饲。

（2）饲料的质量影响成虾的品质，要适当投喂一些小杂鱼，以提高产品质量。

（3）小龙虾大批蜕壳时，投饲量要适当减少。

（4）配合饲料要保持新鲜，通常饲料保存的时间应控制在3个月以内，时间过长一些维生素易损失。

（四）日常管理

1. 养护水草

水草既是小龙虾的栖息场所，也是其饵料，同时能改善水质，起到遮阴、降温的作用。在早春水要浅、早施肥、早投饲，促进水草生长；夏季水草旺盛时要定期刈割，避免水草老化死亡引起水质变化。

2. 早晚坚持巡塘

巡塘时观察虾的生长、活动、摄食、蜕壳和死亡等情况，注意水质变化，定期检测水温、透明度、溶氧、pH值等水化指标，发现问题及时解决。及时检查、维修防逃设施，遇到大风、暴雨天气更要注意，以防防逃设施受损造成逃虾现象发生。

3. 做好档案记录

做好养虾生产过程中的苗种、饲料、渔药等投入品采购和出入库，苗种放养，饲料和饲料添加剂使用，水质检测，病虫害防治记录（包括处方人、药物名称和用药方法等内容）及其他化学品使用记录等，以便总结经验教训，提高养虾水平。

三 池塘混养技术

1. 池塘条件

池塘面积 3 ～ 5 亩为好，要求池底平坦，淤泥较少，靠近水源，进、排水方便，环境安静，生态条件较好，能保持 1 ～ 1.5m 水深，池塘坡度比为 1 : 3。有条件的池塘四周应设有防逃设施。

2. 池塘清整与种草

利用生石灰、漂白粉等清塘能彻底杀灭敌害生物、寄生虫和致病菌等。池中种植少量水草，如轮叶黑藻、水花生、苦草、水葫芦等，种植水草面积以占水面的 30% 为宜；也可在一边池埂保持一定数量的水草、树枝等隐蔽物作为小龙虾栖息、攀爬、蜕壳的场所。

3. 混养鱼类的选择

混养鱼类品种以鲢鱼、鳙鱼、异育银鲫等为主，不可选择鳜鱼、鲤鱼、大口鲶等肉食性和以底栖生物为食的品种，以免这些鱼吞食虾苗。以水生植物为食的草鱼、鳊鱼等品种也不宜过多混养。

4. 混养比例及密度

投放的虾苗种规格应在 3cm 以上，要求附肢健全、活动能力强。于 2—3 月放养混养鱼类，4—5 月投放虾苗，虾苗放养密度为 4000 ～ 6000 尾 / 亩。

5. 饲料投喂

鱼虾混养既要考虑虾的摄食特性，又要兼顾鱼对饲料的需求。精料投放量较同密度单纯养鱼的投喂量略高即可，饲料按鱼类养殖要求的"四定"投饲原则进行投喂。小龙虾饥饿时可能自相残杀，也可能摄食幼鱼，因此投饲必须充足，以满足小龙虾和鱼类的摄食需要。

6. 日常管理

日常管理的重点是水质调节和病害防控。水体透明度 30cm 左右，pH 值 7 ～ 8.5，溶氧量 3mg/L 以上。使用生石灰调节水质，以增加水体中离子钙的含量，促进小龙虾蜕壳生长。在鱼虾的生长旺季，每 15 ～ 20 天施用一次，用 10 ～ 15kg/ 亩的生石灰化成水后全池遍洒。食场定期用生石灰、漂白粉进行消毒。在防治鱼类病虫害时，不能使用对虾有危害的药物，尤其在选用杀虫剂时，要特别注意不能选用含菊酯类的杀虫剂，防止保了鱼而死了虾。

四 捕捞与运输

（一）捕捞方法

1.稻田捕捞

稻田饲养 2 个月左右，就有一部分小龙虾能够达到商品规格。将达到商品规格的成虾捕捞上市出售，未达到规格的继续留在稻田内养殖，以降低稻田中虾的密度，促进小规格的虾快速生长。可利用地笼网、虾笼、虾罾等工具进行捕捞。将捕捞工具置于稻田沟内，每天清晨取一次虾。在 4 月中旬至 7 月中旬，采用虾笼起捕效果较好；7 月下旬以后，小龙虾多打洞穴居，目前多采用徒手从洞中捕捉或用药物驱捕。长期捕捞、捕大留小是降低成本、增加产量的一项重要措施。

2.池塘捕捞

小龙虾由于个体生长发育速度差异较大，养殖过程中要及时捕大留小，稀疏存塘虾量，池塘捕捞一般用地笼诱捕，地笼网目要 2cm 以上，减少小虾的捕出率。虾种放入 30 ~ 40 天后，就可开始捕捞规格达 10cm 以上的成虾。捕捞期应根据市场需求情况和虾体规格而定。通常 6—7 月开始采用地笼等渔具进行捕捞，规格大的上市，小的放回池塘，一直持续到 10 月底。而鱼类捕捞则安排在第二年元旦和春节前后为宜。条件许可时，可根据池塘情况补放虾种，实行轮捕轮放，有越冬虾的池塘应在 4 月中下旬就起捕商品虾，以促进小虾的生长。捕捞时要轻、快，拣出的小虾要及时回塘。

（二）运输

1.虾苗运输

小龙虾苗种通常用干法运输，即在虾苗箱或食品运输箱中放置水草以保持湿度，虾苗箱用钢筋框架外包聚乙烯网布制作，规格为 80cm×40cm×15cm，一般每箱可装虾苗 5 ~ 8kg。装运时先在箱底放一层水草，再放虾苗，如果运输时间较长，中途要适时洒水。运输时要注意防晒、防风吹、防高温。高温季

节运输，宜用空调车降温，虾苗箱中不能直接放冰块降温。

2. 成虾运输

商品虾短途运输以分箱包装为主，15～20kg/箱。长途大批量应用保温冷藏汽车运输，小批量用食品运输箱发泡保温箱加冰密封运输。

五 病虫害防治

小龙虾养殖病害发生率比较高，尤其是主养池塘，发病易造成小龙虾批量死亡。在人工高密度养殖环境下，发病率和发病面积逐年上升，已严重影响小龙虾的养殖产量和效益。小龙虾病虫害防治应立足于"无病先防、有病早治、以防为主、防治结合"的十六字方针。只有从提高小龙虾体质、改善和优化环境、切断病原体传播途径等方面着手，开展综合防治和推广健康养殖模式，才能达到防治病害发生的目的。

1. 白斑综合征病毒病（WSSV）

白斑综合征病毒病是迄今为止危害小龙虾养殖最为严重的一种病，成为目前小龙虾养殖业可持续发展的主要障碍之一。

症状：①病虾活力低下，附肢无力，应激能力较弱，大多分布于池塘边。②病虾体色较暗，部分头胸甲等处有黄白色斑点。③解剖病虾可见胃肠道空，一些病虾有黑鳃症状，部分肌肉发红或呈现白浊样。④一般出现规格大的虾先死亡，而后小规格虾逐渐死亡。⑤该病在长江中下游地区的发病时间通常在4月下旬至7月上中旬。

应遵循"防重于治，防治相结合"的原则，具体防治措施如下。

（1）放养健康、优质的种苗。种苗是养殖的物质基础，是发展健康养殖的关键环节，选择健康、优质的种苗可以从源头上切断病原的传播。

（2）合理控制放养密度。放养密度过大，虾体相互夹伤，使病原更易入侵虾体；此外大量的排泄物、残饵和虾壳、浮游生物的尸体等不能及时分解和转化，会产生非离子氨、硫化氢等有毒物质，导致水中溶氧不足，虾体体质下降，抵抗病害能力减弱。目前，虾种密度控制在3000尾左右。

（3）改善栖息环境，加强水质管理。移植水生植物，定期清除池底过厚淤泥，勤换水，使水体中的物质始终处于良性循环状态。此外，还可以定期撒施生石灰或使用微生物制剂，如光合细菌、EM菌等，调节池塘水生态环境。

（4）投种（苗）前用生石灰彻底清塘，杀灭池中的病原。干池清塘每亩用量 50 ~ 75kg；带水清塘每亩每米水深用量 100 ~ 150kg。

（5）用 10 ~ 15 kg/ 亩生石灰化水全池泼洒，或用漂白粉（2 ~ 3g/m³）全池撒施。生石灰与漂白粉不能同时使用。

（6）用板蓝根、鱼腥草、大黄煮水拌饵投喂或用三黄散拌饵（3g/kg）投喂，每天 1 次，连喂 3 天。

（7）全池撒施聚维酮碘或四烷基季铵盐络合碘（0.3 ~ 0.5g/m³）或二氧化氯（0.2 ~ 0.5g/m³）。

（8）用 0.2% 维生素 C、1% 的大蒜、2% 双黄连，加水溶解后用喷雾器喷在饲料上投喂。如发现有虾发病，应及时将病虾隔离，以免病害进一步扩散。

2. 烂鳃病

病原与症状：病原为丝状细菌。症状为细菌附生在病虾鳃上并大量繁殖，阻塞鳃部的血液流通，妨碍呼吸。严重时，鳃丝发黑、霉烂，引起病虾死亡。

防治方法：①保持水体中的溶氧在 4mg/L 以上，经常清除虾池的残饵、污物，注入新水，保持卫生安全的水体环境，避免水质被污染。②用漂白粉（2g/m³）全池撒施，可以起到较好的治疗效果。

3. 黑鳃病

病原与症状：此病主要是小龙虾鳃丝受真菌感染所引起。症状是鳃由肉色变为褐色或深褐色，直至完全变黑，鳃萎缩，病虾往往伏在岸边不动，最后因呼吸困难而死亡。

防治方法：①保持饲养水体清洁卫生，溶氧充足。定期撒施生石灰，进行水质调节。②将病虾放在 3% ~ 5% 的食盐水中浸洗 2 ~ 3 次，每次 3 ~ 5 分钟。

4. 甲壳溃烂病

病原与症状：此病是由感染几丁质分解细菌引起的。感染初期病虾甲壳局部出现颜色较深的斑点，后斑点边缘溃烂、出现空洞。严重时，出现较大或较多空洞导致病虾内部感染，甚至死亡。

防治方法：①运输和投放虾苗虾种时，不要堆压和损伤虾体。②饲养期间饲料要投足、投匀，防止虾因饵料不足相互争食或残杀。③发病时全池泼洒茶粕浸泡液（15 ~ 20g/m³）。④用 5 ~ 6kg/ 亩的生石灰或漂白粉（2 ~ 3g/m³）全池泼洒，可以起到较好的治疗效果，但注意生石灰与漂白粉不能同时使用。

5. 纤毛虫病

病原与症状：此病由聚缩虫、累枝虫和钟形虫等纤毛虫引起。纤毛虫会附着在成虾、幼虾和受精卵的体表、附肢、鳃等，大量附着时会妨碍虾的呼吸、游泳、活动、摄食和蜕壳机能，影响生长、发育。当在鳃上大量附着时，会影响鳃丝的气体交换，引起虾体缺氧而窒息死亡。幼虾在患病期间虾体表面覆盖一层白色絮状物，致使幼虾活动减弱，影响幼虾发育变态。该病对幼虾危害较严重，成虾多在低温时候大量寄生。

防治方法：①彻底清塘消毒，杀灭病原体，可起到一定的预防作用。②用 3% ~ 5% 的食盐水浸洗病虾，3 ~ 5 天为一疗程。③用聚维酮碘全池泼洒，用量为 0.3g/m³。④保持合理放养密度，经常换水，保持水质清新和环境卫生。

第十节 河蟹养殖技术

一 概况

河蟹肉味鲜美，营养价值高，是深受人民群众欢迎的特种名贵水产品。我国的河蟹养殖产业经过 20 余年的发展，具有以下特点：①河蟹产量明显上升，由 20 世纪 90 年代初的 10 多万 t，提升至 2020 年我国河蟹产量达 77 万 t 以上，总产值达 800 亿元。②河蟹养殖业的发展带动了与之相关的旅游渔业、休闲渔业的发展。③已建立一整套河蟹养殖技术体系。④河蟹生态养殖新模式初见成效，其技术核心就是通过水环境的生物修复，大力发展生态养殖，着力推进河蟹养殖由大养蟹向养大蟹、养优质蟹方向转变，实现经济增长、环境保护、社会协调同步发展。

二 养殖模式

1. 当年豆蟹养成商品蟹

将当年早繁蟹苗通过保温大棚培育成豆蟹，于 3 月将豆蟹放入成蟹养殖池中，当年养成商品蟹的养殖模式。这种模式放种量大，养殖产量较高，商品蟹规格小，养殖效益不高，但风险相应较低。

2. 隔年蟹种养成商品蟹

将上年培育的大规格蟹种，于 2 月放入成蟹养殖池中，通过一年的养殖获得商品蟹的养殖模式。这种模式放种量小，养殖产量一般，商品蟹规格大，养殖效益高，但风险也相应较高。

三 池塘条件

1. 水源

养蟹池塘要求水源水量充足，水质优良、无任何污染、符合无公害养殖水

质标准的要求。养殖区域周围没有化学或生物废弃物，也没有农用、民用和工业用水的排污口。

2. 面积

池塘面积以 10 ~ 50 亩为宜，20 ~ 30 亩最佳，以利于保持养殖水环境的相对稳定。

3. 水深

蟹池平均水深 1 ~ 1.2m 即可，池周应有蟹沟，沟宽 3 ~ 4m、深 0.5 ~ 0.7m。在高温季节，蟹沟水深应达 1.5m 以上。

4. 水质与土质

池水 pH 值控制在 7.5 ~ 8.5，溶氧量在 5mg/L 以上，水体透明度 40cm 左右。蟹池土质以黏土为好，黏壤土次之。蟹池底泥厚度控制在 10 ~ 20cm。

5. 防逃设施

在池塘四周用钙塑板、铝箔、塑料膜等表面光滑的材料建防逃设施。防逃墙上端高出地面 60cm 以上，下端埋入土中 15 ~ 20cm，靠池塘外侧用木棍或竹竿固定。建防逃墙时应注意在池角处需建成圆弧形。

四 饲养管理

（一）水草种植和螺蛳投放

1. 种植水草

俗话说"蟹大小，看水草"。水草既是河蟹可口的饲料，又是河蟹在水中栖息、蜕壳的隐蔽场所，水草还有增加溶氧、调节水质、降低水温等作用。蟹池中的水草以伊乐藻、苦草、轮叶黑藻和菹草为好。在蟹苗放养前，通过播种、移栽、移植等方法种好、种足水草。饲养期间，如部分水草被蟹吃掉，要及时补充，保持池底有 60% 的水草覆盖率。在种植伊乐藻时要注意暂养围栏内的株行距为 30 ~ 40cm，围栏外的株距为 1 ~ 1.5m，行距 3 ~ 5m。为了保证水草的快速生长，在水草稳根返青后，可适当投施磷肥，一般为每亩水面 8 ~ 10kg，池塘底泥清瘦的可间隔一周再用一次。

2. 螺蛳投放

螺蛳既是河蟹的优良天然饵料，也有助于改良底质，提高水体的自净能力。春季清塘后每亩一次性投放活螺蛳 200 ~ 400kg。螺蛳的投放要在清明节前完成，投放时均匀撒入池中，让其摄食水中浮游生物并繁殖幼螺。应根据河蟹的摄食情况，不定期补充螺蛳，始终保持活螺蛳在蟹池中有一定的密度。水体偏瘦可不放螺蛳。

（二）蟹种放养

1. 蟹种质量要求

（1）品种要纯。亲蟹应为大规格纯种长江中华绒螯蟹（附三大水系扣蟹的特征及其区别，表 2-3）。

表 2-3　三大水系蟹种的区别

	长江	辽河	瓯江
体型	椭圆形	不规则椭圆形	近似正方形
额齿	4 个额齿尖锐，当中一缺刻最深	不及长江蟹尖锐	4 个额齿，两边尖锐，中间钝圆
侧齿	4 个侧齿尖锐，第 4 侧齿小而尖锐，清楚可见	3 个侧齿尖锐，第 4 侧齿不明显	4 个侧齿可见但不明显
步足	第 4 步足前节较长而窄，刚毛较密，蟹种爬行时，第 4 步足前节拖地行走	步足偏短	第 4 步足前节较短而宽，刚毛稀少
背部疣状突	6 个均明显	下方 2 个不明显	
四侧齿对径与第三步足长之比	1 : 2	1 : 1.8	1 :(1.6 ~ 1.7)
体色	背甲灰黄色，白肚	背甲灰黄带褐色花斑，腹部灰黄色	体色难看，螯足与步足黑色，腹部夹铜锈色
煮熟后体色	鲜红	暗红	桂红

（2）规格要适宜。培育大规格商品蟹，扣蟹规格必须达到 120 ~ 160 只 /kg。

（3）体质要好。蟹种群体规格整齐，个体色泽鲜艳。侧齿、额齿、疣突明显，步足细长，指节尖长，附肢齐全、活动频繁。体表无病灶，反应敏捷，无

小规格早熟个体。

2. 放养时间

可根据养殖准备情况及生产模式灵活掌握,投放时间一般控制在农历春节前后。选择晴朗天气,气温8℃左右放种。

3. 扣蟹放养密度及放养方法

一般每亩投放规格120～160只/kg的扣蟹700～900只。购买的蟹种若经过长途运输或离水时间较长,鳃丝出现萎缩,放养前应先将装有蟹种的箱子放入水中浸泡2～3分钟,再放在岸边5分钟,如此反复2～3次,待蟹种慢慢吸足水,然后放入3%～5%的食盐水中浸泡10～15分钟方可放养。将消毒好的蟹种放在船头大木板上,让健康的蟹种自行爬入暂养池中,不健康、体质差的蟹种或死蟹不要放入池中。

蟹种的暂养是河蟹养殖的重要阶段。蟹种经过暂养,可大大提高下塘成活率,同时有利于池中水草和螺蛳的生长繁衍。选择蟹池中水位较深且平坦处,用聚乙烯网布围拦蟹池面积的1/10～1/5,围拦网布的上沿靠内侧缝上宽约20cm的厚塑料膜防逃。暂养时间的长短,要视水温、池中水草生长情况及蟹种生长情况而定,一般暂养至3月底、4月初扣蟹刚开始脱壳时撤掉围栏,进入大池养殖。也可在大池一端或一角围建面积为大池面积20%的小池进行暂养,大池种草,待蟹种蜕第一次壳后10～15天再放入大池中养殖。脱过一次壳的蟹种,放养密度为500～600只/亩。

4. 套养品种放养

(1)蟹池套养青虾模式。蟹池套养青虾有助于清除池底残饵及有机质,减少池底污染,青虾本身也是河蟹的优质天然饵料。一般在5月每亩投抱卵虾0.5～1kg,或于7月初每亩投放1～1.5cm青虾苗4万尾,考虑到生产成本,以投放抱卵虾效果较好。在不增加投饵的情况下,到年底每亩可收优质商品虾10～15kg,增收300～400元。

(2)蟹池套养黄颡鱼模式。黄颡鱼为杂食性鱼类,可摄食河蟹池残饵、小杂鱼等,起到优化水质,清除与河蟹争食的小杂鱼类、提高饲料效率的作用。黄颡鱼苗种有两种规格:一种是春片鱼种,规格为100～120尾/kg;另一种是当年夏花，规格为 3 ~ 5cm。春片鱼种于 3 月投放，每亩 100 ~ 150 尾 / 亩；当年夏花于 5 月底至 6 月初投放，每亩 300 尾。年底一般每亩可收黄颡鱼商品鱼 15kg 左右，增收 200 ~ 250 元。

（3）蟹池套养鳜鱼模式。鳜鱼为肉食性鱼类，对水质环境要求与河蟹相似。蟹池中套养的鳜鱼主要摄食池中的小杂鱼虾，可提高饲料效率，同时将池中的野杂鱼转化为商品鱼，达到增收的目的。鳜鱼苗种投放时间为 6 月上旬，鱼苗规格为 5cm 以上，每亩投放 25 ~ 40 尾（具体投放密度应根据池中饵料鱼多少而定），年底一般每亩可产商品鳜鱼 6 ~ 10kg，增收 200 ~ 360 元。

以上 3 种模式为蟹池增效套养主要模式，这 3 种模式既可单独使用，也可搭配使用，效益将更好。无论何种模式蟹池中必须投放适量的花白鲢。

（三）饵料投喂

1. 保证饵料多样性

河蟹常用的动物性饲料有小杂鱼、虾、螺、蚌、蚯蚓等，植物性饲料有麦类、豆饼、瓜果、蔬菜、水草等。也可根据河蟹不同发育阶段对营养的需求，选用不同阶段的颗粒全价饲料。颗粒全价饲料具有营养全面、适口性好、蛋白质含量高、在水中稳定时间长、利用率高等优点。用颗粒饲料养蟹，能减轻水质污染，减少蟹病的发生，降低饵料系数，促进河蟹快速脱壳生长。尤其是秋季投喂颗粒饲料，可促使河蟹快速育肥，增重效果特别明显。

2. 科学投饲

（1）投喂时间。以清晨、傍晚投喂为佳。

（2）在浅水区投饲。饲料应投放在没有水草或水草稀少的浅水区，食场要均匀、固定，并坚持"四看四定"的投饲原则。

（3）投喂的各种原粮要充分浸泡、煮熟。

（4）科学投喂成熟蟹。秋季河蟹逐渐成熟，此时要保障营养充足、膏黄丰满，一般以投喂颗粒饲料或煮熟的玉米为主。要防止成蟹因营养过剩死亡，特别是雌蟹，肝脏 85% 以上转化为性腺，肝功能下降，若大量投喂动物性饲料，一方面肝功能不能适应高蛋白的营养储存，另一方面促使雌雄蟹提前在淡水里交配，引起死亡。

3. 投饲量

投饲量的确定应根据池塘的水质情况、天气情况、河蟹的脱壳情况、是否发病等综合考虑，以 2 小时内吃完为原则，尽量减少残饵污染池塘水质和底质。

前期（3—6 月）：投饵量为体重的 1% ~ 4%。控制蜕壳 3 次。

中期（7—8 月）：投饵量为体重的 5% 左右。控制蜕壳 1 次。

后期（8 月下旬以后）：投饵量为体重的 5% ~ 8%。控制蜕壳 1 次。

（四）水质调控

1. 水质主要指标

透明度前期为 30 ~ 35cm、高温期 35 ~ 40cm、后期 45cm。溶氧量在 5mg/L 以上，pH 值 7.5 ~ 8.5，氨氮浓度控制在 0.2 ~ 0.5mg/L，亚硝酸盐浓度小于 0.1mg/L。

2. 水位调控

在 2 月底 3 月初蟹种放养初期，平均水深控制在 0.5m，5—7 月水深 0.8 ~ 1m，8—10 月水深 1 ~ 1.5m。开春后，随水温的上升，可逐步加水，每次增加 5cm 水深；夏季高温季节，每周换水 1 次，每次加深 5cm。换水时要边排边灌，换水温差不要超过 ±5℃；进入秋季，每半个月换水一次，每次换水 1/5 ~ 1/4；当河蟹进入成熟期大量上岸时，应加大换水次数，可每隔 2 天冲水一次，每次冲水 2 小时左右，冲水时边加边排。

五　病虫害防治

1. 肠炎病

病原：嗜水气单胞菌。

症状：蟹摄食不振，行动缓慢，轻压肛门可见黄色黏液流出。

流行情况：幼蟹和成蟹的各个阶段。

防治方法：投喂新鲜饲料，治疗时全池泼洒 1 次溴氯海因，并在饲料中拌入内服药，每天一次，连续 3 天。

2. 烂鳃病

病原：弧菌、产气单胞菌及迟钝爱德华菌。

症状：蟹鳃丝腐烂、多黏液，部分呈暗灰色或黑色，局部溃烂，鳃丝有缺痕，病重时鳃丝全部变为黑色。病蟹行动迟缓，因鳃失去呼吸功能而死亡。

流行情况：幼蟹和成蟹的各个阶段。

防治方法：改良水质和底质进行预防。治疗时全池泼洒聚维酮碘，同时内服复方氟苯尼考1个疗程。

3. 颤抖病

病原：迟钝爱德华菌、弧菌、嗜水气单胞菌及病毒等。

症状：病蟹行动和摄食缓慢、精神不振；发病后期，病蟹趴在岸边水草上，失去摄食能力，螯足抱在口腔前，步足环起，站立不稳，浑身发抖，不久即死亡，故被人们称为河蟹"抖抖病"。病蟹肝脏坏死，有的呈黄色、油状略带白色，口器中有大量茶褐色液体；有的呈灰白色、臭蛋黄状，体内有无色液体，伴有鳃水肿。处于蜕壳期的蟹发病时，表现为蜕壳无力而死亡。

流行情况：5—10月，高峰期8—9月，水温23～33℃。

防治方法：放蟹种前对池塘彻底消毒，清除过多的淤泥，以预防为主。治疗用银翘板蓝根散。

4. 水霉病（俗称：肤霉病、生毛病）

病原：主要是水霉菌和绵霉菌。

症状：蟹体表菌丝大量繁殖，生长成丛，像一团团灰白色陈旧棉絮。菌丝长短不一，2～3cm，向内外生长，向内深入肌肉，蔓延到组织间隙之间；向外生长成棉团状菌丝，俗称"生毛"。由于霉菌能分泌一种酶素分解组织，蟹体表受刺激后会分泌大量黏液。病蟹行动迟缓，摄食量减少，伤口不愈合。

流行情况：幼蟹至成蟹的各个阶段都可能感染此疾病，主要危害受伤河蟹。当水霉菌着生面积占体表的1/4，河蟹数日内即死亡。此病尤以春季最为常见。

防治方法：①河蟹捕捉、运输、放养等操作要细致，谨防蟹体受伤。②放养时用漂白粉或食盐浸洗消毒。③用4%的食盐水浸洗病蟹3～5分钟。

5. 纤毛虫病

病原：纤毛虫类。由投喂量大、残渣剩饵不清除、池水过瘦、水质恶化，纤毛虫类大量繁殖引起。

症状：河蟹行动迟缓，食欲下降，乃至停食，终因营养不良、无力蜕壳而死。死蟹腹部常观察到较多黏液块，纤毛虫钻入河蟹上皮细胞中形成小的白色或淡黄色创伤，体表长满许多棕色或黄褐色绒毛。镜检可发现河蟹体表、附肢、鳃等处有许多纤毛虫体。病蟹鳃部、头胸部、腹部、四对步足有大量纤毛虫附生。

流行情况：幼蟹至成蟹的各个阶段都可能感染此病。

防治方法：①改善水体环境，排除 1/3 老水，撒施生石灰，使池水中生石灰浓度为 15 ~ 20mg/L，连用 2 次，将池水透明度提高到 40cm 左右。②用 0.05% 福尔马林浸洗病蟹 1 ~ 2 小时。③全池泼洒福尔马林 1 ~ 2 次，使池水中福尔马林浓度达 1 ~ 2mg/L。④全池泼洒硫酸锌，使池水中硫酸锌浓度达到 0.3mg/L。

6. 青苔

危害：青苔亦称青泥苔，是水绵、双星藻、转板藻等几种丝状绿藻的统称。养殖池塘中的青苔多在天气转暖后，于池塘浅水处萌发，长成缕缕细丝，底端扎在池底，上端直立在水中，故也称沉水性丝状植物。当其衰老时断离池底，漂浮水中，形成团团乱丝，鱼、虾、蟹等养殖动物误入其中，往往被缠绕其内。轻者，大量青苔附着虾、蟹体表，影响其生长；重者，引起鱼、虾、蟹等养殖动物缺氧死亡。另外，大量的乱丝漂浮在水中，严重影响浮游生物对光能的吸收，使养殖池塘中浮游生物减少，造成养殖动物的食物减少；另一方面，阻碍水温的提高和氧气的溶解并大量消耗水中的养分，使池水变瘦，造成养殖动物生长缓慢。

预防措施：①清淤。如果清塘不彻底，底层的淤泥比较肥，会为青苔的生长提供充足的营养，清淤就断绝了其养分来源。②加深水位。水位较深可以防止阳光直射到池塘底层，断绝青苔的能量来源。③培肥水质。水质变肥后，一方面降低了水体的透明度，使阳光不能直射到池塘底层；另一方面，水体中藻类可以竞争青苔所需养分，抑制青苔的生长。

清除方法：有机械清除法、生物清除法、人工清除法和化学清除法等几种，最常用的是化学清除法和人工清除法。

人工清除法一般是针对有少量青苔的情况，此方法缺点是费工、费力，而且清除不彻底，容易反复生长。

化学清除法从前常用的药剂是硫酸铜，但硫酸铜是一种重金属盐，具有很强的毒性，且铜离子残留时间长，使用后对养殖动物的摄食与生长有很大的影响，不能连续使用，否则会造成水产动物体内金属离子的积累，导致金属中毒。目前可以使用由多种原料科学复配而成新药进行清除。

六　案例分析

河蟹池塘养殖实例

武汉尊沁水产科技有限公司位于蔡甸区消泗乡，池塘养殖河蟹135亩，水深1.5m，安装有底层微孔管增氧设施。2020年11—12月，蟹塘完成整修，进行清塘消毒，肥水培藻，种植伊乐藻。2021年1月中下旬蟹苗塘每亩投放5g规格的蟹苗2500只，投喂饵料。至5月下旬，按照每亩1000只的放养量，将蟹苗转至成蟹塘，每日定时、定量投喂优质饵料，做好日常管理，及时调水、改底，做好水草养护、病害防治等工作。

9月下旬，河蟹基本成熟，捕捞上市。起捕亩产平均规格150g的成蟹140kg，产值132.3万元。

投入成本55.725万元，其中，蟹苗成本7.7万元，饵料成本20.925万元，水电成本1.3万元，池塘租金13.5万元，人工成本17万元，肥料、药品成本3万元。

总利润76.575万元，平均每亩利润5672元。

第三章
新技术、新模式

我国是世界水产养殖大国，2021年全国水产养殖产量达5388万t。水产养殖在增加优质动物蛋白供应、提高农民收入、调整农业结构和保障粮食安全等方面发挥了重要作用。然而，长期以来，我国水产养殖方式较为粗放，可持续发展面临严峻挑战。特别是近年来中央持续加大环保督查力度，许多传统养殖区域被划入生态红线范围，对水产品供给和传统养殖造成一定影响。同时，新颁布的《中华人民共和国水污染防治法》对尾水排放要求进一步严格限制，部分养殖尾水直排直放、排放不达标的水产养殖场面临关停风险。因此，无论从外部资源环境约束上看，还是内部转型升级要求上看，水产养殖业已进入一个产业变革关键时期，迫切需要尽快转型升级。因此，在规划的养殖区、限养区内，建设尾水处理系统，实现尾水达标排放或养殖用水循环使用，以尾水治理推动渔业转型升级势在必行。

第一节　稻田绿色种养技术模式

一　概况

稻田绿色种养技术模式是一种将水稻种植和水产养殖相结合的复合农业生产方式，具有产出高效、资源节约、环境友好的特点，是实现经济效益、生态效益、社会效益协调发展的重要农业生产方式。在农业部的大力推动下，现在已在黑龙江、吉林、辽宁、浙江、安徽、江西、福建、湖北、湖南、重庆、四川、贵州、宁夏等13个示范省份建立100多万亩核心示范区，逐步构建了"以渔促稻、提质增效、生态环保、保渔增收"的稻田绿色种养技术模式，并在全国范围掀起了新一轮的发展热潮。目前，稻田绿色种养已形成稻 – 鱼共作、稻 – 鳖共作、稻 – 虾共作、稻 – 鳅共作、稻 – 蟹共作等五大类技术模式。

二　基本原理

在稻田绿色种养模式中，稻田中的鱼类等水生动物对田间害虫和野草的控制卓有成效，并且鱼类等水生动物粪便为水稻提供了养分，促进了水稻增产，而水稻生长又起到净化水质的作用，从而形成了稻渔互利共生的复合生态系统。

三　技术模式要点

（一）稻田工程

1. 田埂

放鱼前修补、加固、夯实田埂，使其不渗水、不漏水。丘陵地区的田埂应高出稻田平面 40 ~ 50cm，平原地区的田埂应高出稻田平面 50 ~ 60cm，冬闲水田和湖区低洼稻田应高出稻田平面 80cm 以上。田埂截面呈梯形，埂底宽 80 ~ 100cm，顶部宽 40 ~ 60cm。

2. 鱼溜、鱼沟

养鱼稻田的鱼溜数量视稻田的面积确定，位置紧靠进水口的田角处或中间，形状呈长方形、圆形或三角形。鱼溜的四壁用条石、砖石或其他硬质材料和水泥护坡，位置相对固定。溜埂高出稻田平面 20 ~ 30cm，并要沟沟相通，沟溜相通。培育鱼种的鱼溜面积占稻田面积的 5% ~ 8%，深 80 ~ 100cm；饲养食用鱼的鱼溜面积占稻田面积不超过 10%，深 100 ~ 150cm。鱼沟主沟位于稻田中央，宽 30 ~ 60cm，深 30 ~ 40cm；稻田面积 0.3 hm^2 以下的呈"十"字形或"井"字形，面积 0.3 hm^2 以上呈"井""目""囲"字形。围沟开在稻田四周，距离田埂 50 ~ 100cm，宽 100 ~ 200cm，深 70 ~ 80cm。在插秧 3 ~ 4 天后，根据稻田类型、土壤、作物茬口、水稻品种和鱼种放养规模的不同要求开好垄沟，一般垄宽 50 ~ 100cm，垄沟宽 70 ~ 80cm，垄沟深 25 ~ 30cm。开挖围沟的表层泥土用来加高垄面，底层泥土用来加高田埂。

3. 进、排水口

设在稻田相对两角田埂上，用砖、石砌成或埋设涵管，宽度因田块大小而定，一般为 40 ~ 60cm，排水口一端田埂上开设 1 ~ 3 个溢洪口，以利控制水位。

4. 防逃设施

（1）稻-鱼共作防逃设施。拦鱼栅用塑料网、金属网、网片编织，网目大小因鱼规格而异，全长为 1.5 ~ 2.5cm 的鱼，网目为 0.2cm；全长为 2.6 ~ 16.5cm 的鱼，网目为 0.4cm。拦鱼栅宽度为排水口宽度的 1.6 倍，并高于田埂，呈"⌒"或"∧"形安装，入泥深度 20 ~ 35cm，在进水口处，其凸面朝外；在出水口处，其凸面向内，并把栅桩夯打牢固。

（2）稻-鳖共作防逃设施。鳖有用四肢掘穴和攀登的特性，因此防逃设施的建设是稻田养鳖的重要环节。应在选好的稻田周围用砖块、水泥板、木板等材料建造高出地面 50cm 的围墙，顶部压沿，内伸 15cm，围墙和压沿内壁应涂抹光滑，并搞好进、排水口的防逃设施。

（3）稻-虾共作防逃设施。田埂四周用塑料网布建防逃墙，下部埋入土中 10 ~ 20cm，上部高出田埂 0.5 ~ 0.6m，每隔 1.5m 用木桩或竹竿支撑固定，网布上部内侧缝上宽度为 30cm 左右的钙塑板形成倒挂。在进、排水口安装铁丝网或双层密网（20 目左右）。

（4）稻-蟹共作防逃设施。河蟹放苗前，应在每个养殖单元的四周田埂上构筑防逃墙。防逃墙材料采用尼龙薄膜，将薄膜埋入土中 10 ~ 15cm，剩余部分高出地面 60cm，上端用草绳或尼龙绳作内衬，将薄膜裹缚其上，然后每隔 40 ~ 50cm 用竹竿作桩，将尼龙绳、防逃膜拉紧固定在竹竿上端，接头部位避开拐角处，拐角处做成弧形。进、排水管长出坝面 30cm，安装 60 ~ 80 目防逃网。

（5）稻-鳅共作防逃设施。加固增高田坎，设置防逃板或防逃网，防逃板深入田泥 20cm 以上，露出水面 40cm 左右。或者用纱窗布沿稻田四周围拦，纱窗布下端埋至硬土中，上端高出水面 15 ~ 20cm。在进、排水口安装两层 60 目以上的尼龙纱网，纱网夯入土中 10cm 以上。

（二）养殖生物

以草鱼、鲤鱼、罗非鱼、鲫鱼、革胡子鲇、泥鳅、鳖、虾、蟹等草食性及杂食性动物为主，鲢鱼、鳙鱼等滤食性鱼类为辅。

1. 鱼类

鱼苗、鱼种的放养密度见表 3-1。

表 3-1　鱼苗、鱼种的放养密度

饲养类型	稻田类型		鱼苗放养数量（尾）	鱼种	
				放养数量（尾）	放养规格(cm)
培育鱼种	育秧田		（22.5 ~ 30）×10⁴		
	双季稻田		（3 ~ 4.5）×10⁴		
培育大规格鱼种	中稻或一季晚稻田			（1.5 ~ 1.95）×10⁴	3.3 ~ 5
	起垄、开沟稻田			（2.25 ~ 3）×10⁴	3.3 ~ 5
饲养食用鱼	一季稻冬闲田或湖区低洼田	北方		（0.075 ~ 0.15）×10⁴	3.3 ~ 5
		南方		（0.45 ~ 0.75）×10⁴	3.3 ~ 5
	起垄、开沟稻田			（0.75 ~ 1.2）×10⁴	3.3 ~ 5

注：食用鱼中放养比例为草鱼 50% ~ 60%，鲤鱼、鲫鱼 20% ~ 30%，鲢鱼、鳙鱼 10% ~ 20%；或鲤鱼、鲫鱼 60% ~ 80%，草鱼、罗非鱼、鲢鱼、鳙鱼 20% ~ 40%。

一般在插秧后放养鳅种，单季稻放养时间宜在第 1 次除草后；双季稻放养时间宜在晚稻插秧后。放养密度，根据规格而定。规格为 3 ~ 4cm 的鳅苗，放养密度为 15 ~ 20 尾 /m²；规格为 5 ~ 6cm 的鳅苗，放养密度为 10 ~ 15 尾 /m²；规格为 6 ~ 8cm 的鳅苗，放养密度为 10 尾 /m²。

鳅苗在下池前要进行严格的鱼体消毒，杀灭鳅苗体表的病原体，并使泥鳅苗处于应激状态以分泌大量黏液，下池后能防止池中病原生物的侵袭。先将鳅苗集中在一个大容器中，用 3% ~ 5% 的食盐水或者 8 ~ 10mg/L 的漂白粉溶液浸洗鳅苗 10 ~ 15 分钟，捞起后再用清水浸泡 10 分左右，方可放入养鳅池中，具体的消毒时间视鳅苗的反应情况灵活掌握。

2. 鳖类

水稻 - 亲鳖种养模式，一般在 5 月初先种稻，5 月中下旬放养亲鳖；每亩放养数在 200 只左右，放养规格为 0.4 ~ 0.5kg/ 只。水稻 - 商品鳖种养模式，一般在 5 月底至 6 月上旬种植水稻,7 月中上旬放养鳖;每亩放养数量在 600 只左右,放养规格为 0.2 ~ 0.4kg/ 只。水稻 – 稚鳖培育种养模式,一般在 6 月下旬种植水稻,7 月下旬放养当年培育的稚鳖,每亩放养 1 万只。放养前要用 15 ~ 20mg/L 的高锰酸钾溶液浸浴 15 ~ 20 分钟,或用 1.5% 浓度食盐水浸浴 10 分钟。

3. 虾类

一般在每年 8—10 月或次年的 3 月底放养。①在水稻收获后放养大规格虾种或抱卵亲虾,初次养殖的每亩投放 20 ~ 30 kg,已养稻田每亩投放 5 ~ 10 kg,雌、雄比为（2 ~ 3）∶1,主要是为第二年生产服务。②放养虾苗,规格 3cm 左右（250 ~ 600 只 /kg）,每亩放养 1.5 万尾左右,30 ~ 50kg。虾苗放养前用 3% ~ 5% 食盐水浸浴 10 分钟,杀灭寄生虫和致病菌。

4. 蟹类

根据杂草在耙地后 7 天萌发、12 ~ 15 天生长旺盛的规律,可在此期间投放蟹种,从而充分利用杂草这种天然饵料。稻田养殖成蟹放养密度以每亩 400 ~ 600 只为宜。在放养前用浓度为 20 ~ 40 mg/L 水体的高锰酸钾或 3% ~ 5% 的食盐水浸浴 5 ~ 10 分钟。

（三）饲养管理

1. 水的管理

在水稻生长期间,稻田水深应保持 5 ~ 10 cm。收割稻穗后,田水保持水质清新,水深在 50 cm 以上,定期疏通鱼沟,保证水流畅通。有条件的情况下可在鱼沟中安装增氧设备。

2. 防逃

经常检查防逃设施、田埂有无漏洞,加强雨期的巡察,及时排洪、捞渣。

3. 投饵

（1）稻 – 鱼共作。定点投喂,选在相对固定的鱼溜和鱼沟内,上午、下午各投喂一次。配合饲料应符合相关标准,青饲料应清洁、卫生、无毒、无害,配合饲料按鱼的总体重的 2% ~ 4% 投喂;青饲料按草食性鱼类总体重的 15% ~ 40% 投喂。

（2）稻－鳖共作。1～2龄鳖个体较小，饵料以水生昆虫、蝌蚪、小鱼、小虾、水蚯蚓等制成的新鲜配合饲料为主。3龄以上的鳖咬食能力较强，可以螺蛳、河蚬、河蚌等带壳的鲜活贝类为主食，适当投喂大豆、玉米等植物性饲料，也可投喂人工配合饲料。投喂饲料要做到定时、定位、定量。日投饲率8%～12%，分上午、下午两次投喂。

（3）稻－虾共作。稻田养虾一般不要求投喂，在小龙虾的生长旺季可适当投喂一些动物性饲料，如锤碎的螺、蚌及屠宰厂的下脚料等。8—9月以投喂植物性饲料为主，10—12月多投喂一些动物性饲料。冬季每3～5天投喂1次，日投饲率2%～3%。从翌年4月开始，逐步增加投喂量。

（4）稻－蟹共作。饵料投喂要做到适时、适量，日投饲率5%～10%，主要采用观察投喂的方法，注意观察天气、水温、水质状况。饵料品种灵活掌握，河蟹养殖前期，饵料品种一般以粗蛋白质含量在30%的全价配合饲料为主；养殖中期的饵料应以植物性饵料为主，如黄豆、豆粕、水草等，搭配全价颗粒饲料，适当补充动物性饵料，做到荤素搭配、青精结合；后期，饵料主要以粗蛋白质含量在30%以上的配合饲料或杂鱼等为主，可以搭配一些高粱、玉米等谷物。

（5）稻－鳅共作。一般以稻田施肥后的天然饵料为食，再适当投喂一些米糠、蚕蛹、畜禽内脏等。一天投2次，早、晚各一次。鳅苗在下田后5～7天不投喂饲料，之后每隔3～4天投喂米糠、麦麸、各种饼粕粉料的混合物、配合饲料。日投饲率3%～5%；具体投喂量应结合水温的高低和泥鳅的吃食情况灵活掌握。到11月中下旬水温降低，便可减投或停止投喂。在饲养期间，还应定期将小杂鱼等动物性饲料磨成浆投喂。

4. 施肥

（1）肥料种类。有机肥如绿肥、厩肥，无机肥如尿素、钙磷镁肥等。有机肥应经发酵腐熟，无机肥应符合相关标准。

（2）基肥。一般每公顷施厩肥2250～3750kg、钙镁磷肥750kg，硝酸钾120～150kg。

（3）追肥。施化肥分两次进行，每次施半块田，每公顷施112～150kg，间隔10～15天施肥一次，不得直接撒在鱼溜、鱼沟内。

5. 鱼病防治

采用"预防为主，防治结合"的原则，鱼种入稻田前须严格消毒。草鱼病采用免疫方法防治。在鱼病多发季节，每 15 天可投喂一次药饵。注意观察，发现鱼病及时对症治疗。

（四）捕捞

1. 捕捞时间

稻谷将熟或晒田割稻前，当鱼长到商品规格时，就可以放水捕鱼。冬闲水田和低洼田养的食用鱼或大规格鱼种可养至第二年插秧前捕鱼。

2. 捕捞方式

捕鱼前应疏通鱼沟、鱼溜，缓慢放水，使鱼集中在鱼沟、鱼溜内，在出水口设置网具，将鱼顺沟赶至出水口一端，让鱼落网捕起，迅速转入清水网箱中暂养，分类统计，分类处理。

（五）注意事项

（1）稻种宜选用抗病、防虫品种，减少使用农药。

（2）水稻病害防治贯彻"预防为主，综合防治"的植保方针，实施健身栽培、选择合理茬口、轮作倒茬、灾情期提升水位等措施做好防病工作。防治水稻病虫害应选用高效、低毒、低残留农药，主要品种有扑虱灵、稻瘟灵、叶枯灵、多菌灵、井冈霉素。水稻施药前，先疏通鱼沟、鱼溜，加深田水至 10cm 以上，粉剂趁早晨稻禾沾有露水时用喷料器喷，水剂宜在晴天露水干后以喷雾器喷，应把药喷洒在稻禾上。施药时间应为在阴天或 17:00 后。

（3）鱼病防治采用"预防为主，防治结合"的原则。

（4）防敌害生物，及时清除水蛇、水老鼠等敌害生物，驱赶鸟类。如有条件，可设置诱虫灯和防天敌网。

（5）在鱼类生长季节要加强投喂，否则会严重影响鱼类的产量和规格。

（6）养殖期间尽量多换水，保证水质清新。

（7）发展稻田绿色种养模式适宜规模化发展，集中连片，方能充分发挥综合效益。

（8）做好进、排水设施构建，提高防洪抗旱能力。

（9）对于泥鳅、小龙虾等品种，要增高加固田坎，深挖防逃网，防止逃逸。

（10）注重鱼米品牌打造和价值开发，提高产品质量和效益。

四 技术优势

1.减少农业面源污染

实施稻田综合种养可以减少稻田里化肥的使用量，从而促进了有机肥和微生物制剂的使用，不仅增加了土壤有机物的含量，同时也增强了土壤的肥力，还可以减少了农业的面源污染，改善农业生态环境。

2.节省劳动力和生产支出

稻田养殖的蟹、虾、鱼等可以清除稻田中的杂草、害虫，这种生态种养模式既可以减少农药施投的劳动力，又可以减少农资费用的支出。稻田里就是一个小的生态系统，可以满足自给自养的生态平衡，大大减少了人工参与的部分。

3.提高产品品质

甲壳类水产动物对农药十分敏感，为确保稻田内河蟹和小龙虾的安全生存，通常不用农药。若稻田种养技术成熟，也可不用化肥，对提高水稻和水产品的食用安全和品质等方面都会产生巨大的影响。

4.提高综合效益

稻鱼综合种养模式的水稻亩产量能够稳定在500kg以上，平均单位面积增产高达5%～15%；淡水鱼类平均亩产可达50～100kg，商品鳖亩产可达300kg，小龙虾亩产可达100～150kg，泥鳅亩产可达50kg，成蟹亩产可达25～30kg。整体来看，稻田综合种养模式不仅为市场供给了高质量的大米，也带来了优质的水产品，综合效益增加了50%以上。

五 适用条件

全国水稻种植区均适宜推广该模式。可根据各地区的水产养殖和消费特点选择适宜的水产养殖品种。

六 案例分析

武汉联众小龙虾专业合作社利用稻田综合种养，实施稻－虾轮作。

1. 基本情况

养殖户承包花莲湖公司两口鱼池219亩，其中105亩从事稻田养虾，这一模式属稻－虾轮作模式，稻田周围有4～6m宽、0.8～1m深的环形沟，外围有简易防逃设施，这一模式利用稻田多维空间发展稻田综合养殖技术，具有两型（稻田土地节约型、稻田生态环境友好型）和两高（稻谷高产、龙虾高效）的特点。

2. 播种、投种情况

（1）种虾投放。8月底至9月上旬投放自产或引进身体饱满健康的抱卵虾，按稻田总面积投虾10～12.5kg/亩，按水位高低分布放入环形沟中。稻谷收割后，还可增补体质好的种虾。

（2）播种时间。稻－虾轮作模式一年只种一季水稻，一般选择中稻，播种时间为6月中旬，每亩播种2.5～3kg，稻田播种品种选择'黄华占'。

3. 稻谷收割

收割时（9月底10月初），一定要注意留有秸秆数量，根据投放虾种密度、设计产量、水质要求等综合考虑，调节收割机高度，也可使用秸秆粉碎机收割。

4. 小龙虾日常管理

（1）播种与投放种虾轮作阶段。整田播种时间为最后一批成虾捕捞之后。8月底开始投放种虾，保证种虾在安静良好的环境中，期间少量未抱卵虾（主要是雄虾）通过环形沟进入稻田中产生生物互补效应。

（2）幼虾管理阶段。种虾投放后最早在10月下旬开始出苗,正好为稻谷收割后，此时可利用秸秆产生腐殖质、浮游动物等自然饵料增强亲虾母体营养，提高虾苗成活率。

（3）人工投喂阶段。约在翌年惊蛰后，为了提高幼虾的成活率，增加人工投喂措施很有必要，可提早虾苗规格和上市时间，亦可提高后期虾苗或尾苗的成活率。一般投喂鲜豆浆和粗制豆浆，投喂量根据田中幼虾密度酌情确定。

5. 成虾捕捞阶段

小龙虾分两次捕捞上市，第一批捕捞时间为 4 月至 5 月初，此批为强化人工培育的小龙虾，规格 25 ～ 40g；第二批在 5 月底至 6 月上旬，这时小龙虾规格与第一批差不多。

6. 投资效益情况

总投入 18.85 万元，其中池租 3.15 万元，种虾 3.5 万元，人工、饲料、交通成本等 7 万元，其他成本 5.2 万元。纯利润 30 万元。

七 种养示范图

稻田养鱼的环沟布设微孔曝气装置

一　概况

鱼菜共生（Aquaponics）是一种新型的复合耕作体系，它把水产养殖（Aquaculture）与水耕栽培（Hydroponics）这两种原本完全不同的农业技术，通过巧妙的生态设计，达到科学的协同共生，从而实现养鱼不换水而无水质忧患，种菜不施肥而正常成长的生态共生效应。

在传统的水产养殖中，随着鱼的排泄物积累，水体的氨氮增加，毒性逐步增大。而在鱼菜共生系统中，水产养殖的水被输送到水培栽培系统，由细菌将水中的氨氮分解成亚硝酸盐然后被硝化细菌分解成硝酸盐，硝酸盐可以直接被植物作为营养吸收利用。鱼菜共生让动物、植物、微生物三者之间达到一种和谐的生态平衡关系，是可持续、零排放的循环型低碳生产模式，也是解决农业生态危机的有效方法。

二　鱼菜共生技术模式的三种类型

鱼菜共生系统是一种将水产养殖循环系统和水培蔬菜技术整合为一体化的组合系统。按鱼菜共生系统循环的工艺来说，分为3种类型：直接共生模式、开环共生模式和闭环共生模式。

直接共生模式是采用鱼菜直接接触共生的方法，即养殖池中采用浮筏栽培水生蔬菜，蔬菜直接利用养殖水中的氨氮物质，但吸收率仅为40%，无法满足其对氨氮等营养的需求，并且可栽培的面积小，还存在杂食性的鱼吞食根系的问题，需对根系进行围筛网保护。

开环共生模式是指养殖池与种植槽之间不形成闭路循环，由养殖池排放的废水作为一次性灌溉用水直接供应蔬菜种植系统而不回流，每次只对养殖池补充新水。

闭环共生模式是指养殖池排放的水经硝化床微生物处理后，进入蔬菜栽培系统，再经蔬菜根系的生物吸收过滤，把处理后的废水回输至养殖池，这种闭锁环工艺的鱼菜共生系统可用于大规模生产，效率高，很大程度上减少水资源的使用。本节主要是介绍闭环的鱼菜共生模式。

三 基本原理

鱼菜共生是目前较新颖的一种复合耕作模式，将传统渔业循环养殖和大棚蔬菜种植有机结合，形成一水双用的循环农业，不仅实现养殖尾水资源化利用，而且让传统蔬菜大棚变成一个"生态圈"，节约了水、土资源，节省了管护所需的人力成本和农资成本。在设施大棚里，一年四季都能实施种养，极大地提高了生产效益。

鱼菜共生复合耕作模式依托水培蔬菜种植技术。水培蔬菜种植于环境相对可控或能精确调控的设施条件下，通过营养液直接为根系提供营养和水分，同时解决了土壤连作障碍问题，蔬菜的生长速度、产量、品质、口感及食用安全性皆优于传统土壤栽培。相较于土壤栽培，同等的蔬菜产量，水培种植的水分利用效率可提高 50%~100%。

四 案例分析

以武汉市蔡甸侏儒山街群力村的智顺现代农业生态园为例。

智顺现代农业生态园的玻璃大棚面积 2300m^2，园区有 6 个大棚，每个大棚中整齐排列着 25 个蓝色种植槽。槽中水流涌动，水流上覆盖带孔泡沫板，蔬菜就长在孔中，一孔一株。在鱼菜共生系统中，一个种植槽就是一个蔬菜生产线。蔬菜种在"流水线"上，靠根系吸收水中养分，快速生长。槽中水的养分就来自高密度养鱼。

大棚东侧有 11 个鱼池。每个鱼池 15m^2，可养鱼 1500kg，通过 24 小时不间断增氧，让鱼可健康生长。

高密度养殖池中会产生大量排泄物、饵料残渣。为确保鱼健康生长，也为蔬菜提供养分，养殖池中的水被引入堆有砾石的硝化池过滤，并经微生物分解处理,转变为蔬菜可吸收的养分,再输送到蔬菜种植槽。蔬菜吸收养分的过程,也是净化水质的过程。经蔬菜吸收净化后的水,又回流到养鱼池。如此循环往复,实现养鱼不换水、种菜不施肥,更不会用药,因为如果施用农药,鱼无法生存,也会杀死硝化池中的微生物。

养殖池中五颜六色的观赏鱼

"流水线"上绿油油的蔬菜

鱼菜共生科普课堂

生态环境优美

1. 经济效益

鱼菜共生模式生产高效、产品优质、效益可观。一般 30 天可收获一茬蔬菜,薄荷、茴香、迷迭香等香料 7 天就可收获一茬。鲈鱼 5 ~ 6 个月就可长到 0.5kg 左右,即可上市。蔬菜种植槽还可套养泥鳅、鳝鱼等高价值水产品。一个 1600m^2 的大棚,年产鱼 17.5t、蔬菜 35t,收入 150 万元。

2. 生态效益

因为使用活水养鱼,鱼菜共生模式养出来的鱼,肉质更紧实、味道更鲜美,而用养鱼水培植的蔬菜营养成分更丰富、品质更佳。

此外,因使用的是循环水,生产过程中不排放尾水。经系统处理后的尾水水质达到《淡水池塘养殖水排放要求》（SC/T9101-2007）一级标准。

3. 社会效益

依托智顺现代农业生态园，打造"菜篮子"产业链，实现"三产"融合，集种养加工、生态观光、科普实践、采摘露营、休闲垂钓于一体，群力村正走上"三产"融合发展的致富路。产业的迅猛发展，有力带动了农户就业增收。从修鱼池、盖大棚，到播种育苗、修枝剪叶、蔬菜打包、社区直销等，实行"线上＋线下"销售，为附近闲散农户提供了大量就业机会。

第三节　池塘工程化循环水养殖技术模式

一　概况

传统池塘养殖本质上是"资源－产品－废弃物"的开放型物质流动模式，生产的产品越多，消耗的资源和产生的废弃物就越多，对环境资源的负面影响也就越大。

池塘工程化循环水养殖则是在"资源消费－产品－再生资源"循环型物质流动模式理念指导下，以尽可能小的资源消耗和环境成本，获得尽可能大的经济和生态效益，使经济系统与自然生态系统的物质循环过程相互和谐，促进资源长久利用。

二　基本原理

池塘循环水养殖技术模式是对传统池塘养殖模式的根本变革。其围绕池塘养殖业现代化的需求，针对集约化养殖池塘设施装备落后的现状，以渔业绿色发展为目标，以节地、水循环利用、高效、安全生产等为目的，设置集中养殖区、污水沉淀区、净水区等，在池塘构筑砖混结构、不锈钢结构的集中式养殖水槽（规格为 $25m \times 5m \times 2.5m$），养殖水槽的建设占池塘总面积 $2\% \sim 2.5\%$，建立池塘工程化循环水环保养殖系统。

三　养殖系统构成

池塘工程化循环水养殖系统由曝气推水区、养殖区（槽）、集污区、水质净化区，以及物联网智能系统、投饵设施、生产管理用房等配套设施组成。

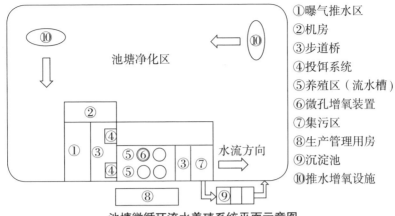

①曝气推水区
②机房
③步道桥
④投饵系统
⑤养殖区（流水槽）
⑥微孔增氧装置
⑦集污区
⑧生产管理用房
⑨沉淀池
⑩推水增氧设施

池塘微循环流水养殖系统平面示意图

1. 气提推水区

（1）位置。气提推水区位于流水槽的进水端区域。

（2）结构。气提推水区中设置气提推水增氧设备，由4个长1.2m、宽1m的曝气盘组成，曝气盘距离池底0.6m左右，在曝气盘上方10cm处设置倾斜角度约60°的挡板，每条流水槽进水端均安装一套气提推水增氧设备，每套气提推水增氧设备配备一台功率为2.2kW的鼓风机。在气提推水增氧设备上游区域架设一道拦网，防止外部池塘杂物进入曝气推水区，并在上游5~7m的池底均铺设水泥底面，防止底部淤泥随流水进入流道。

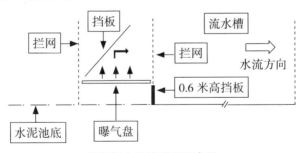

气提推水系统侧面示意图

（3）作用。鼓风机工作充气后，大量的上浮气泡遇到挡板形成横向水流，起到增氧并推动水体在流水槽中流动的作用。

2. 养殖区（槽）

（1）面积和数量。根据池塘的环境条件及净化能力，设置面积为池塘总面积2%左右的流水槽，根据池塘面积确定流水槽数量。

（2）结构。流水槽一般为砖混结构，在池底浇筑钢筋混凝土底板，两侧砖砌挡墙，形成流水槽。也可以采用不锈钢或玻璃钢结构的流水槽，每个流水槽规格为长 25 ～ 30m（其中，进水端曝气推水区 2m，排水端集污区 3m，中间为养殖区），宽 5 ～ 5.5m，高 2.5m。在养殖区进水端垂直于池底架设一道与流水槽同宽、高 0.6m 的水泥挡板，上部根据养殖品种架设适宜规格的不锈钢拦网，在排水端架设相同规格的拦网，防止养殖鱼类逃出流水槽。在养殖区进水端投饵区建设一条 2m 宽的步道桥，排水端集污区建设一条 1m 的步道桥，满足日常生产活动需求。

（3）辅助设施。每条流水槽养殖区前端安装一台自动投饵机，每条流水槽养殖区底部加装微孔增氧装置。每 5 条流水槽配备一台 3kW 规格的鼓风机。

3. 废弃物收集处理区

废弃物收集处理区位于流水槽的排水端区域，由集污区、沉淀池构成，用于收集和沉淀粪便、残饵，从而减少池塘养殖污染。

（1）集污区。在养殖区流水槽排水端拦网外设置 3m 长的废弃物集污区，所有流水槽共用一个集污区，并在集污区末端设置高 0.8m 的挡污板，防止废弃物随流水冲入净化池塘中。在挡污板上方安装相应规格的拦网，防止池塘净化区鱼类进入集污区内，在集污区底部安装一台滑动式吸污泵，贯穿所有流道的集污区，吸污泵在集污区底部往返吸污，将吸出的废弃物经排污管道移至沉淀池。

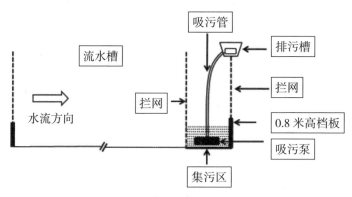

集污区侧面示意图

（2）沉淀池。沉淀池面积以 10 ～ 20m² 为宜，吸出的废弃物在池塘外经沉淀池进行 6 ～ 12 级的梯度沉淀过滤，经过最后一级沉淀后的上层清水返回池塘净化区池进行净化，定期收集沉淀池底的废弃物进行无害化处理和利用。

4. 水质净化区

流水槽外的水面均作为净化区，种植各类蔬菜、水草等水生植物，种植面积占净化区面积的 15% ～ 20%；并投放滤食性的鲢鱼、鳙鱼和田螺，以达到净化水质的目的。在净化区设置一定数量的推水增氧设施，保障整个系统水体能循环流动。

5. 其他配套设施

（1）物联网智能系统。安装物联网智能系统，实时监测流水槽生产和基地运行情况，以及养殖水体的水温、溶氧、pH 值、氨氮、亚硝酸盐等水质参数。

（2）生产管理用房。应建设配电室和相应的应急电源，以及仓库、检测和监控室等生产管理用房。

四　养殖优势

（1）有效提高产量和经济效益，按槽内水体计算，鱼类产量可达 150kg/m³ 以上，可将传统池塘养殖单产提高 3 ～ 4 倍。

（2）在不干塘的条件下，起捕率可达 100%，且大大缩小了起捕面积，降低了捕捞强度。

（3）集约化养殖，管理方便，减少了浪费。

（4）可以根据市场情况，生产不同品种和规格的产品。

（5）大池可以套养其他滤食性鱼类和种植水生植物，提高池塘的经济和生态效益。

（6）可有效收集 70% 的鱼类代谢物和残剩饲料，化费为宝，有效保障了池塘水体的良性循环，实现节能减排，保护环境。

（7）有利于实施生产管理全程在线监控。

五　案例分析

池塘循环流水养殖斑点叉尾鮰鱼种，以武汉恒宇信科技养殖专业合作社为例。

1. 池塘条件

该合作社所选循环流水养殖池塘设施系将两口总面积为 2.67 hm² （200 m×40 m，200 m×90 m）的相连池塘挖出部分中间池埂，修建 5 条 22 m×5 m×2.5 m 水泥槽用于鮰鱼流水养殖，其余水面用于水质净化。在水槽的前部（上游）安装一排 5.5kW 的气推式推提水机，产生循环流水，并在水槽后部挡出 2～3m 的集污区，集污区呈漏斗状，底部连一部 11kW 水泵用于吸走粪便残饵用作肥料。

2. 鱼种投放

将斑点叉尾鮰孵化苗培育至 3～5cm、1.67g 的规格，按照每条水槽放养 10 万尾的密度投放苗种，折合单价 700 元 / 万尾。净化池塘放养 4000 尾规格为 0.25kg 的白鲢鱼种、2000 尾规格为 0.25kg 的鳙鱼种、2000 尾规格为 0.5kg 的草鱼种、5000 尾规格及 100 尾规格为 750g 的鲫鱼种。鱼种下池时均用浓度为 50mg/L 的 10% 聚维酮碘溶液浸洗鱼体 10 分钟左右。

3. 饲养管理

养殖饲料为湖北产的斑点叉尾鮰专用配合饲料 0 号沉性颗粒饲料（粗蛋白质含量 32%）及 8 号浮性膨化饲料（粗蛋白质含量 32%）。由于鮰鱼系底栖性鱼类，因此要进行驯食，训练鱼上浮争食的习性，训练 5～7 天，便可形成争食习惯。经过驯食投喂的鱼类摄食效率高，饲料流失少。该案例中的鱼种在放入水槽前已完成驯食。

4. 设施管理

池塘循环流水养殖的关键在于水槽内充气增氧机械推动提升水体形成水流，水槽内高密度集约化养殖，需保证水槽内溶氧充足，在生产周期内充气推水机需 24 小时不停运转，且需备发电机，以防停电。将流速控制在适宜范围（以每秒 3～5cm 为宜），水槽鱼类代谢物粪便及残饵随水流被冲到下游集污区，每天投饵半小时后开启水泵 5 ~ 10 分钟清除。

5. 日常管理

坚持每天早晚巡塘，观察并记录天气、水温、水质、投饵及鱼的活动等情况，采取相应的饲养管理措施，防止浮头、泛池事故。试验期间没有发生泛池事故。

6. 养殖结果

（1）养殖产量。经 160 天左右饲养管理，12 月初至翌年 1 月上旬陆续起捕，试验池共起捕斑点叉尾鮰鱼种 51799kg，鲢鱼、鳙鱼、鲫鱼、草鱼商品鱼 9862kg。鮰鱼平均单产达到 103.6kg/㎡。详见表 3-2、表 3-3。

表 3-2　水槽投饲起捕收获情况表

| 槽号 | 投饲 | | | 起捕日期 | 产量（kg） | 平均规格（kg/尾） | 成活率（%） | 饵料系数 |
	沉性饲料（kg）	浮性饲料（kg）	小计（kg）					
1	6490	6490	12980	12 月 5 日	9912	0.118	84	1.31
2	6710	6710	13420	12 月 8 日	10205	0.116	85	1.315
3	5328	7992	13320	12 月 15 日	10168	0.124	82	1.31
4	8532	5688	14220	12 月 24 日	10624	0.128	83	1.34
5	7260	7260	14520	1 月 4 日	10890	0.132	82.5	1.33
合计	34320	34140	68460		51799			1.32

注：沉性饲料单价 3500 元 /t，浮性饲料单价 4500 元 /t。

表 3-3　净化池塘投放起捕情况表

品种	鱼种放养量（kg）	鱼种平均规格（kg/尾）	产量（kg）	商品鱼平均规格（kg/尾）	成活率（%）
鲢鱼	1000	0.25	4752	1.65	72
鳙鱼	500	0.25	3290	2.35	70
草鱼	1000	0.5	4510	2.82	80
鲫鱼	250	0.05	1016	0.254	80

续表

品种	鱼种放养量（kg）	鱼种平均规格（kg/尾）	产量（kg）	商品鱼平均规格（kg/尾）	成活率（%）
鳜鱼	75	0.75	252	2.68	94
合计	2825		13820		

（2）经济效益。循环流水养殖斑点叉尾鮰鱼种成本 49.7 万元，产值 106.22 万元，利润 56.52 万元，每亩平均利润 1.41 万元。经济效益情况详见表 3-4、表 3-5、表 3-6。

表 3-4　生产成本明细表　　　　　　　　单位：万元

		苗种	饲料	水电	人工	池租	渔药	设备折旧	小计
水槽	1	0.7	5.192	0.907				8	
	2	0.7	5.368						
	3	0.7	5.461						
	4	0.7	5.546						
	5	0.7	5.808						
池塘		2.39	1.841	1.134			0.56		
合计		5.89	27.375	2.041	4	3.6	0.56	8	51.47

注：设备投资以 80 万元计，折旧以 10 年计。

表 3-5　产品销售收入统计表

		品种	产量（kg）	单价（元）	产值（万元）
水槽	1	鮰鱼	9912	19	188328
	2		10205	19	193895
	3		10168	19	193192
	4		10624	19.2	203980.8
	5		10890	19.2	209088
	小计		51799		988483.8

	品种	产量（kg）	单价（元）	产值（万元）
池塘	鲢鱼	4752	5.2	24710.4
	鳙鱼	3290	10.4	34216
	草鱼	4510	10.8	48708
	鲫鱼	1016	11	11176
	鳜鱼	252	45	11340
	小计	13820		130150.4
合计		61661		1118634

表3-6 生产利润统计表　　　　　　　　　单位：万元

	产值	成本	总利润	亩均纯利
水槽	98.85			
池塘	13.01			
合计	111.86	51.47	60.39	1.51

（3）生态效益。净化池塘水体中的总氮、总磷和氨氮明显低于对照塘，在水槽中部仍低于对照塘，经过集污区才高于对照塘，均表现出相似的变化趋势，养殖水体经过净化池塘处理后，达到一级排放要求。

7. 小结

池塘工程化循环水养殖模式与传统模式相比，养殖鱼类始终在溶氧高的流水中生长，故生长速度快、成活率高、单产高、饲料系数低，且防病治病容易，生产管理简单，起捕方便。适宜多品种、多规格养殖，做到均衡上市。养殖品种应选择鮰鱼、鲈鱼等高价值且应激反应小的品种。该模式的最大优势是能有效地收集大部分鱼类代谢物和残剩的饲料，确保养殖水循环利用，实现污染零排放，从而实现水产养殖业的可持续发展。

六 养殖示范图

武汉恒宇信科技养殖专业合作社养殖基地

第四节　集装箱陆基推水养殖技术模式

一　概况

当前，池塘养殖是武汉市水产品生产的重要方式，也是水域生态环境的重要组成部分，但池塘养殖尾水治理是水产养殖业的短板，制约水产养殖业的进一步发展。因此，如何顺应新形势，加快传统池塘养殖转型升级、推进池塘养殖绿色发展、实现养殖尾水达标排放、保障池塘基本养殖面积，已成为十分紧迫的任务。故而，一种新型设施养殖技术模式——集装箱陆基推水养殖技术模式诞生了，该养殖技术模式集成了循环水养殖、生物净水和物联网精准控制等技术于一体，是一种节水节地、集约高效、生态环保、智能标准的新型养殖技术模式。

二　基本原理

在集装箱内高密度养殖鱼虾，不断有池塘新水经过臭氧杀菌流至推水箱中，推水箱中的养殖废水经微滤机去除悬浮颗粒后流入池塘，养殖水体经过池塘（养殖少量滤食性鱼类，水面种植水生蔬菜）的净化后（池塘主要功能变为湿地生态池，不投料）再被水泵抽回集装箱，完成一次循环，如此循环往复。

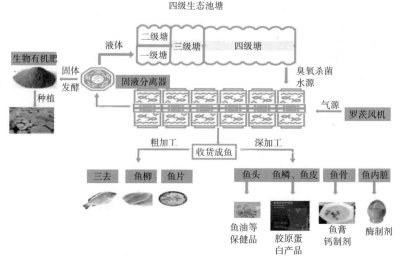

集装箱陆基推水养殖技术模式图

三 养殖系统构成

整套养殖系统由养殖箱体、杀菌系统（臭氧发生器）、水处理系统（微滤机、池塘）、排水系统（液位控制管及后续管道）、进水系统（水泵浮台及水泵）、增氧系统（鼓风机）、控制系统（水质监测及设备监控箱）及配套池塘等辅助设施组成。

（1）养殖箱体。由集装箱改造而成，单箱容量 25m³，满载 35t。养殖箱内部喷涂 400μ 环氧树脂漆，防止箱体腐蚀；顶端有 4 扇 1m×0.8m 的天窗，天窗可供观察及投喂；底部搭配坡度 10° 斜面，与循环水流配合集污。设进水口 1 个、进气口 1 个、出水口 2 个。

（2）纳米曝气管。四周环有 6 根 2m 长曝气管，外接气泵供气，提高养殖箱氧气浓度，并促进箱体内循环水流形成。

（3）进水口。进水口在箱侧壁顶端，进水口流量达每小时 30m³。进水口流速不能太高。

（4）出水口及水位控制管。出水口外接水位控制管，保持养殖箱水位在指定高度，避免排空。

（5）出鱼口。箱体前端配备 30mm 出鱼口，出鱼口内部有挡水插板，成鱼通过出鱼口放出。

（6）集污槽。箱体斜面最底端为集污槽，集污槽上方配有 5mm 厚的 PVC 筛板，残饵、粪便通过集污槽排出养殖箱体，进行集中处理。集污槽连接出水口，靠集装箱水体自压将集污槽中的粪便排出。

（7）旋流分离器。液位控制管后可选配旋流分离器，去除养殖水体悬浮颗粒物，分离残饵、粪便集中处理。

（8）水泵。采用 500W、流量为每小时 45m³ 的水泵，将池塘水抽至集装箱中。集装箱养殖水体容积 25m³，集装箱与外界循环速度为每小时 1.8 次。

（9）气泵及备用风机。采用 1000W 风机，同时养殖箱配备纳米曝气盘。极端环境下开启风机，同时暂停养殖箱与池塘之间的循环，减少或停止投料。

（10）沉淀池。采用多级沉淀的方式，配合挡板溢水，将粪便沉积在多个沉淀池中，用备用水泵抽走。

四 养殖优势

1. 技术性能优点

（1）集污效率高。养殖粪污集中收集率 90% 以上。

（2）养殖效率高。单箱每年成鱼养殖 2～3 茬，年成鱼产量一般在 2t 以上，较传统池塘养殖效率提高了 3 倍，在产量、产值相同的情况下，相当于节约了 75% 池塘占地面积。

（3）饲料利用率高。较传统池塘养殖，可减少饲料浪费，定时定量投喂全价配合饲料，饲料系数达 0.9～1.3。

（4）水体利用率高。保持池塘与集装箱不间断地水体交换，平均每天完全换水 2～3 次，实现流水养鱼，符合鱼类运动生长习性，使成鱼品质较传统池塘明显提高。

（5）安全系数高。集装箱养鱼水质可控、温度恒定、病害低发，可有效减少药物用量。捕捞时不伤鱼，可避免运输环节使用违禁药物，保障从出箱到餐桌的全程食品质量安全，符合食品安全标准，检测合格率 100%。

（6）便捷化操作。全套技术实现了便捷化操作，可控性强，便于管理。应

用者培训学习 7 ~ 10 天即能掌握技术要领，能够保证养殖技术不走样，适合基层养殖人员快速学习应用。

2. 生态及社会效益

（1）尾水排放达标。尾水水质达到《地表水环境质量标准》（GB3838-2002）三类以上标准；批准规划的渔业水域达到《渔业水质标准》（GB11607-89）。

（2）生态环境优美。养殖过程符合生态环保要求，养殖粪污集中收集率90%以上。种养结合，实现残饵、粪便资源化利用，可实现清洁生产零污染。养殖区域休闲配套，养殖区域内交通、游览、安全、卫生、经营管理、资源和环境保护按照《旅游景区质量等级的划分与评定》（GB/T 17775-2003）A级标准设计。

（3）质量品质提升。池塘养殖环境条件达到无公害农产品要求，符合《无公害农产品淡水养殖产地环境条件》（NY/T15361-2016）或《无公害农产品海水养殖产地环境条件》（NY/T15362-2010）要求。可打造特色养殖品牌，养殖产品通过无公害农产品、绿色食品、有机农产品或农产品地理标志认证；经有资质的第三方检测，产品营养成分合理，品质优良。

（4）养殖高效节约。按转型示范基地30个箱配60亩生态塘的标准，单箱年成鱼产量2t以上，30个箱产量达60t以上，相比60亩池塘养殖实现产能不减（按现有全国精养塘平均亩产1t进行测算）。

（5）现代人才培养。可建立产学研紧密结合、优势互补的专家队伍，培养一批新型职业农民，改变传统养殖渔民面貌。

五　适用条件

有配套的池塘，电力、电压符合条件，有一定经济基础的养殖户可以尝试养殖。

六　案例分析

以武汉康生源农业有限公司为例。

1. 固定配套投入

以 10 个集装箱为一组的配套成本。

（1）集装箱：50 万元。

（2）进、排水改造：约 10 万元。

（3）臭氧消毒系统：约 3 万元。

（4）发电机：3 万 ~ 4 万元。

（5）粪便及水处理系统（微粒机）：4 万 ~ 5 万元。

（6）增氧系统（鼓风机及管道）：约 2.1 万元。2 个鼓风机 1.1 万元（含备用 1 台），钢管管道及人工安装 1 万元。

（7）集装箱底部水泥沉台：2 万 ~ 3 万元。

（8）水泵及扶台：1 万 ~ 2 万元。

（9）水质自动监测仪：1 万 ~ 2 万元。

（10）配套池塘改造（5 亩）：约 6 万元。其中，建三池两坝尾水过滤系统，约 4 万元；池塘护坡改造约 1 万元；2 台增氧机 4000 元；池塘投放少量鲢鱼、鳙鱼以净化水质。

（11）集装箱顶棚：约 1 万元。

（12）用电成本：日均用电量约 20 度，约 10 元。

（13）人工：单人可管理约 15 个的箱体。

2. 养殖产出及效益

（1）以一个箱体养殖大口黑鲈为例。一个集装箱一年可养一茬半，产出成鱼 2.25t，成鱼售价 30 ~ 34 元 /kg，共收入约 7 万元。鲈鱼苗 2 元 / 尾，成活率 95% 以上，苗种投入 0.6 万元。饲料用量 2.5 ~ 2.7t，饲料投喂比 1.1 ~ 1.2，鲈鱼饲料 10000 ~ 12000 元 /t，饲料投入 2.8 万元。养殖投入品（消毒剂等）成本约 0.13 万元。电费约 0.36 万元。纯利润约 3 万元。

（2）以一个箱体养殖先锋鲌为例。一个集装箱一年可养一茬半，出成鱼 1.5t，成鱼售价 16 ~ 18 元 /kg，共收入约 2.6 万元。先锋鲌鱼苗 20 元 /kg，约 20 条 /kg，成活率 95% 以上，苗种投入 0.2 万元。饲料用量 1.8 ~ 1.9t，饲料投喂比 1.2 ~ 1.25，鲌鱼饲料 4000 ~ 45000 元 /t，饲料投入约 0.75 万。养殖投入品（消毒剂等）成本约 0.1 万。电费约 0.36 万元。纯利润约 1.2 万元。

3. 带动第三产业发展

（1）产品展示。该公司注册了水产品牌，同时建立了可供参观的水产品产地加工场所和体验厨房，为游客提供自己制作的新鲜水产品。

（2）文化展示。该公司建立了渔业生产文化展示教育场所，增设养殖品种、技术、设施、流程等展示讲解牌，进行渔业知识现场讲解、技艺展示和体验教学。

（3）生产体验。该公司通过在生产设施中增加参观设施和展览教室等，设计具有鲜明特色的投喂、拉网、捞鱼等休闲体验活动，使游客可近距离体验集装箱养鱼的特色。水产养殖产生的排泄物经过处理发酵后成为葡萄园的有机肥料，产出的葡萄又甜又好吃。游客在体验完捞鱼之后还可以去葡萄园采摘。游客从集装箱捞起来的鱼可以现场制作烹饪，打造了观鱼、捞鱼、采摘、品赏、回购等一整套乡村休闲游产业。

少儿科普活动

有机肥种出的葡萄

七 养殖示范图

箱体正上方

箱体侧面

箱体内部

箱体底部

尾水池塘处理

增氧系统

粪污分离机

日常投喂

第五节　池塘零排放绿色高效圈养技术模式

一　概况

2019 年,华中农业大学水产学院池塘健康养殖研究团队在国家大宗淡水鱼产业技术体系、"十二五"国家科技支撑计划、公益性行业(农业)科研专项课题等资助下, 经多年潜心研究, 提出了池塘零排放绿色高效圈养技术模式。池塘零排放绿色高效圈养技术模式是基于"能时时打扫池塘卫生"理念提出的, 是对传统池塘养殖模式的重要革新。

二　基本原理

在池塘中构建圈养装置, 把主养鱼类圈养在圈养桶内养殖;通过圈养桶特有的锥形集污装置高效率收集残饵、粪污等废弃物, 经吸污泵抽排移出圈养桶、进入尾水分离塔, 固体废弃物在尾水分离塔中沉淀分离、收集后进行资源化再利用;去除固体废弃物后的废水经人工湿地脱氮除磷后再回流到池塘重复使用, 实现养殖废弃物的零排放。这种养殖模式具有清洁生产、提升养殖容量, 降低病害发生率、提升产品质量, 降低人力、水资源等生产成本, 提升养殖效率等多重特征。

三　养殖系统构成

1. 养殖、捕捞系统

由圈养桶上部圆柱体组成, 有效水深约 1.7 m, 有效养殖水体约 20 m³, 无死角, 避免了养殖鱼类扎堆、局部缺氧现象。内设固定式防逃网和活动式捕捞网隔等, 需要分级或捕捞时, 升起捕捞网隔即可便捷化起捕, 通常两人即可完成捕捞, 显著节约劳力成本。待集成吸鱼泵技术装备后, 可实现捕捞机械化。

2. 增氧、推水系统

在圈养桶养殖系统底部沿桶壁安装一圈微孔增氧管，采用空压机、罗茨鼓风机或纯氧机等进行微孔增氧。增氧产生的气泡在圈养系统内形成由四周向中央推送的水流，可将残饵、粪便等养殖废弃物推送到圈养系统中央部位，以利于其沉降、收集。根据需要，还可加装推水水泵，利用水流的冲击形成环流，不仅可促进鱼类游动，而且便于收集残饵、粪便。

3. 集污、排污系统

由圈养桶下部锥形结构、尾水管道、吸污泵等构成。当残饵、粪便下沉至防逃网以下部位后，很快便会集到底部的出水口附近。当吸污泵开启，含残饵、粪便的污水（黑水）会首先被抽排出，进入尾水塔。由于残饵、粪便相对集中，抽排污水（黑水）仅几分钟便可完成。抽排完污水（黑水）后，还需要继续抽排清水（非黑水状态的养殖尾水，含鱼类代谢产物），清水直接抽排到圈养池塘中，靠池塘水体的自净能力去降解其中的有毒有害物质。因为鱼类代谢产物为溶解态，如果不及时排出，氨氮等代谢产物在圈内形成堆积，会恶化圈内水质。由于圈养系统独特的集污、排污结构，实现了清水、污水（黑水）分离，使养殖尾水的后续处理变得简便。

4. 固废分离、净化系统

污水（黑水）入尾水分离塔后，固体废弃物经一段时间后便下沉到尾水塔下部锥形结构，方便收集、用于后续的资源化再利用。去除固体废弃物后的上清液，流入人工湿地，经微生物的脱氮、除磷处理后，再回流至池塘中重复利用，节约水资源。

5. 圈养池塘水体自净系统

保持圈养池塘水体清洁至关重要。在圈养池塘中通过移植苦草、狐尾藻等沉水植物，以及布设生物刷等措施，强化池塘水体的自净能力。在养殖期间，应维持水体透明度在 60 cm 以上。

四 技术优势

1. 节水、节地，适应性广

无论池塘大小、水源好坏均可安装，适合圈养的鱼类种类、规格广。直接利用养殖池塘，不额外占地。池塘水体自净能力得到强化，无须外排尾水，实现了养殖水体的重复利用，节约水资源效果显著。

2. 节能减排效果显著

实现养殖废弃物零排放，养殖固体废弃物资源化再利用，养殖水体得以循环利用，减少水资源消耗，单位产品能耗低，使养殖更环保。

3. 提质增效效果显著

实现清水养殖，不仅大幅减少养殖产品的病害发生率，减少渔药使用量，而且大幅降低了养殖产品的泥腥味，提升了产品品质。

4. 高效增收效果显著

精养池塘单产每亩可达 5t 以上，将池塘养殖容量提升了 5 倍；单位劳动力产能提高，简化捕捞，节约劳动力成本，渔民养殖收益显著增加。

五 适用条件

有配套的池塘，电力电压符合条件，有一定经济基础的养殖户可以尝试养殖。

六 案例分析

以武汉天健农业发展有限公司为例。

1. 生产情况

2021 年，该公司使用 4 个塘 84 个圈养桶进行大口黑鲈成鱼养殖。其中，1 号塘 5 亩共 16 个圈养桶，每桶投苗 1500 尾。苗种存活率 89.1%，饲料系数 0.98。每桶收益 8903 元，亩均收益 25574 元。2 号塘 5 亩共 16 个圈养桶，每桶投苗 1800 尾。苗种存活率 93%，饲料系数 1.0。每桶收益 10001.7 元，亩均收益 29090 元。3 号塘 8 亩共 20 个圈养桶，每桶投苗 2200 尾。苗种存活率 86%，饲料系数 1.13。每桶收益 11989 元，亩均收益 29973 元。6 号塘 15 亩共 32 个圈养桶，每桶投苗 1800 尾。苗种存活率 88%，饲料系数 1.0。每桶收益 10513 元，亩均收益 22428 元。详见表 3-7。

表 3-7 池塘零排放绿色高效圈养技术模式效益分析表

1 号塘				2 号塘			
名称	数量	单价	金额（元）	名称	数量	单价	金额（元）
苗种	24000 尾	1.6 元 / 尾	38400	苗种	29000 尾	1.6 元 / 尾	46400
饲料	12.5t	10300 元 /t	128750	饲料	14.5t	10300 元 /t	149350
动保			4126	动保			5276
低耗			2067	低耗			2625
水电			12616	水电			12616
人工		2286	36576	人工		2286	36576
成本合计			222535	成本合计			252843
销售	12696kg	27.6 元 /kg	350409.6	销售	14431kg	27.6 元 /kg	398295.6
利润			127874.6	利润			145452.6
3 号塘				6 号塘			
名称	数量	单价	金额（元）	名称	数量	单价	金额（元）
苗种	44000 尾	1.6 元 / 尾	70400	苗种	58000 尾	1.6 元 / 尾	92800
饲料	22.5t	10300 元 /t	231750	饲料	26t	10300 元 /t	267800
动保			7696	动保			9250
低耗			4262	低耗			4820
水电			16230	水电			28923
人工		2286 元	45720	人工		2286 元	73152
成本合计			376058	成本合计			476745
销售	19866kg	31 元 /kg	615846	销售	26231kg	31 元 /kg	813161
利润			239788	利润			336416

注：每桶全年人工成本 =（人数 × 月工资 ×10）÷84，约 2286 元。

2. 效益分析

该公司池塘零排放绿色高效圈养技术模式在不计入固定设备投入的情况下，每桶收益 10113 元，亩均收益 27404 元。根据实际生产计算，每个圈养桶（含配套）固定设备成本约 2 万元，2 年内可收回固定资产投资。

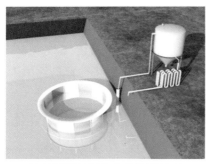

池塘零排放绿色高效圈养技术
模式示意图

华中农业大学校内示范基地

武汉天健农业发展有限公司水产养殖基地

 第六节　淡水工厂化循环水养殖技术模式

一　概况

2011 年，我国着重提出"工业化养殖"是我国建设现代化渔业的发展方向，也是打造水产强国的必经之路。推动我国的现代化渔业建设，重点之一就是要建设高密度封闭式循环水养殖模式，走节水、节地、节能、减排、高效、安全的工业化循环水养殖道路，这也是水产养殖业发展前行的必然趋势。

二　基本原理

淡水工厂化循环水养殖技术模式通过物理、生物、化学等手段和设备，把养殖水体中的有害固体物、悬浮物、可溶性物质和气体从水体中排出或转化为无害物质，并补充溶氧，使水质满足鱼类正常生长需要，并实现高密度养殖条件下水体的循环利用，适用性强、通用性好、节能高效。

三　技术系统构成

工厂化循环水养殖处理系统一般由 4 个部分组成：固液分离、气浮一体化处理、生物滤池和消毒。目前，电弧筛是工厂化养殖中常用的固液分离设备，蛋白分离器是气浮一体化处理的重要设备，生物滤池主要通过生物膜过滤水中有害物质来达到去除水中污染物的目的。消毒常用臭氧和紫外线。

1. 转鼓式微滤机

WL 型智能型转鼓式微滤机系列产品，对 60μm 以上悬浮颗粒物的去除效率达 80% 以上，每处理 100t 水耗电小于 0.3kW·h。

2. 生物净化设备

（1）导流式移动床生物滤器。移动床生物滤器通过滤料表面附着生长的硝化细菌和亚硝化细菌群来降解水体中的氨氮、亚氮等有害有毒物质,净化水质,既具有活性污泥法的高效性和运转灵活性,又具有传统生物膜法耐冲击负荷、泥龄长、剩余污泥少的特点。

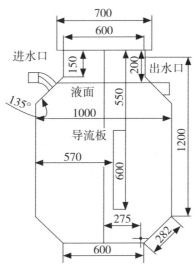

导流式移动床生物滤器结构图

(2)沸腾式移动床生物滤器。沸腾式移动床生物滤器采用圆形反应器,在剧烈曝气条件下滤料上升移动,到达降流区后由于水流的带动逐步下沉到反应器底部,形成一种相对稳定的运动状态。氨氮处理效率能够达到30%以上。

沸腾式移动床生物滤器

(3)低压溶氧量技术及其设备。低压纯氧混合装置通过连续、多次吸收来提高氧气的吸收效率。工作流程为:水流经过孔板布水并形成一定厚度的布水层，以滴流形式进入吸收腔，吸收腔被分割成了数个相互串联的小腔体，提供了用以进行气液混合的接触空间。整个装置半埋于水下，使吸收腔密闭，水流从各个吸收腔底部流出。气路方面，纯氧从侧面注入，并从最后一个吸收腔通过尾气管排出吸收腔，可以满足循环水养殖系统节能、节本和减低维护强度的要求。

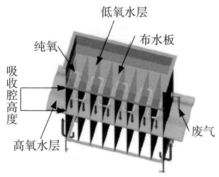

低压纯氧混合装置

（4）XW 系列漩涡分离器

XW 系列漩涡分离器是一种分离非均相液体混合物的设备，在养殖中，一般多与鱼池双排水系统相结合配套使用。作为底部污水的初级过滤处理设备，XW 系列漩涡分离器具有下列优点：占地面积少、结构紧凑、处理能力强；易安装、质量轻、操作管理方便；连续运行、不需要动力，固体颗粒物去除率最高可达 50% 以上；效果好、投资少、不易堵塞。

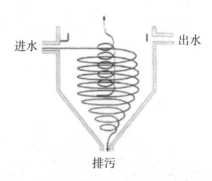

XW 系列漩涡分离器结构图

（5）CO_2 脱气塔。在高密度循环水养殖系统中，CO_2 去除装置为直立式圆筒脱气塔，主要由筒体、出水口、进气口、液体分布器、填料支撑板和填料等组成。常用空气作为 CO_2 去除装置的介质。

（6）水质自动监控系统。水质自动监测系统通过相关模块的功能，实时将水质参数如氨氮浓度、溶氧量、pH 值等显示出来，便于工作人员及时了解水质情况，实现监测、调控一体化，提高设备的自动化程度，减轻人工劳动强度。

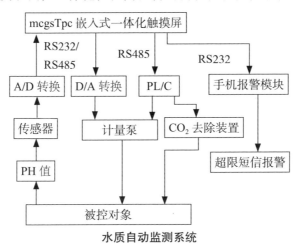

水质自动监测系统

四　养殖优势

1. 经济效益

每套工厂化循环水养殖处理系统可服务 300m³ 养殖水体，年产达 100kg/m³ 以上，可年产 30 t 优质商品鱼，产值达 180 万元，毛利润达 40 万元，经济效益十分可观。

2. 社会、环境、生态效益

工厂化循环水养殖可以使得产出 1kg 鱼的能耗降低 20% 以上，1kg 鱼的耗电小于 2.5 度，大幅度降低了运行管理成本。与传统池塘养殖模式相比，相同规模的工厂化循环水养殖模式可以减少 10% ~ 20% 的土地以及 8 ~ 10 倍的养殖用水，降低对水域生态环境的影响，生态效益显著。

五　适用条件

工厂化循环水养殖模式是一种现代工业化生产方式，基本上不受自然条件的限制，可以根据需要在任何地点建立，达到生产过程程序化、机械化的要求。

一般来说，此模式更适宜在水资源匮乏、气候条件恶劣的地区进行推广。

六 案例分析

以工厂化循环水养殖大口黑鲈为例。在传统"四大家鱼"养殖经济效益持续低迷的情况下，多地将大口黑鲈作为优质淡水养殖品种进行推广养殖，养殖面积和产量逐年提升，获得了不错的经济效益。

1. 养殖池肥水

在外塘水进入循环水车间时，需采取 60 ~ 80 目筛绢网布对其过滤。采用发酵饲料肥水，同时施入适量氨基酸，以提升肥水效果。

2. 物联网智能化渔业系统技术路线

为实现循环水智能化养殖，建立以生物水处理系统、水质监控系统、溶氧系统、温控系统、在线监测报警系统等一系列工程在内的物联网。在线监测报警系统可随时监测养殖水体的亚硝酸盐、氨氮、溶氧、pH 等指标，采取微生物净化水处理技术，逐级净化，最终达到无公害养殖水质要求。

3. 大口黑鲈循环水养成操作

在循环水车间养殖池内，放入体长 4 ~ 5cm 的鱼苗，养殖密度控制在 350 ~ 600 尾 /m^3，在分苗前无须投喂饲料，向养殖池内撒 0.25g/m^3 的维生素 C。分苗首日无须投喂饲料，次日即可开始投喂饲料。

（1）饵料管理。在每日 7 : 30、11 : 30、15 : 30 及 17 : 30 分别进行投喂，记录每日投喂量，日投饲率控制在 3% ~ 5%。待进餐后 1 ~ 1.5 小时，仔细观察料台，记录饵料数量、大口黑鲈数及粪便状况，结合上述指标对投喂量及时进行调整。可在 11 : 30 及 15 : 30 两餐时增加饲喂量。将每日饲料增加量控制在前一日喂食量的 10%，同时需注意结合具体吃料情况进行适当调整。

（2）巡池检查。在每日早上投喂前，将料台提起并仔细查看，检查鱼苗实际健康状况，捞出死鱼，将部分底泥以及管道内的污水排出。仔细检查循环水系统，确保其处于正常运行状态。

（3）饲料使用。在鱼苗池内投入鱼苗前 5 ~ 8 小时，首先投入 0 号饵料，待鱼苗逐渐生长后开始投喂 1 号饵料，结合鱼苗具体摄食情况对投喂策略及时进行调整。

（4）水质调控。饲养池配备竖流沉淀器，对残饵和粪便等大于 1mm 的颗粒进行第一步收集，养殖用水经过微颗粒过滤器流入生物滤池中，利用生长在生物填料上的益生菌，去除水体中的氨氮、亚硝酸盐。经过生物滤池过滤和净化的水，通过低扬程大流量的离心泵泵入饲养池和脱气塔中。进入饲养池前的管道加装紫外线杀菌灯、臭氧和增氧接口，用于水体的杀菌、消毒和增氧。脱气塔中的水占水泵流量的 10% ~ 30%，流量和开启时间视水体酸化情况而定。

4. 常见问题处理

（1）病虫害防治。大口黑鲈的抗病能力较强，一般不会发病，但鱼苗阶段容易感染车轮虫、斜管虫、原生动物及水霉病，因此在放养前必须用食盐水消毒。若感染原生动物疾病，可用 $0.7g/m^3$ 硫酸铜和硫酸亚铁合剂（5∶2）全池泼洒；若感染水霉病，可用 0.5%~1% 食盐水进行鱼体浸浴治疗。若鱼苗存在拖白便问题，可将 1% 的中草药拌入饵料中，连续用药 3 天，接着投喂发酵饲料以达到调理肠道的目的。

（2）病害预防措施。①投喂适量，防止过量，鱼摄食八分饱，减少胃肠与肝脏负担。②补充保肝护肝药物、多种维生素和微量元素，每周拌料 1 次，对预防疾病能起到较好效果。③保持水体高溶氧。大口黑鲈对溶氧要求较高，应经常加注新水或利用增氧机增氧，使水体溶氧保持在 4mg/L 以上。

养殖池

过滤系统

第七节　池塘底排污水质改良技术模式

一　概况

池塘底排污水质改良技术模式很好地改善了养殖水体底部环境，解决了传统养殖模式水体富营养化问题，为鱼类创造了适宜的生长环境，减少了病害发生，降低了用药成本，从而提高饲料转化利用率，提高经济效益。

武汉市淡水养殖池塘面积从几亩到几百亩不等。一般 5 ~ 10 亩配备一台增氧机，池塘水深 1.2 ~ 2.5m。多数养殖户以短期承包的形式开展养殖，对池塘底泥清淤不到位，养殖沉积物超过了水体自净能力，池塘富营养化比较严重，制约了养殖效益的提高。养殖尾水排放主要是排入稻田、河流等。结合武汉市实际情况，底排污水质改良技术模式的应用正好能够有效改善淡水池塘底泥多、水质富营养化等问题，高效地把池塘底部的过量饵料、动物粪便、生物残骸等颗粒状或固形污染物排出，改善了池底环境、养殖水质，进一步提高经济效益。

二　基本原理

池塘底排污指在养殖池塘底部最低处不同位置，根据池塘大小，建 1 个至多个漏斗状的排污拦鱼口，通过移污管将养殖过程中沉积的鱼体排泄物、残饵、水生生物尸体等在水体的静压力和抽提排污管自溢排出养殖水体。集成创新、配套组装的池塘底排污水水质改良技术模式将有机颗粒废弃物经固液分离池、鱼菜共生湿地净化，固体沉积物作为农作物有机肥，上清液用于滴灌水生蔬菜、花卉等，通过生物净化达到渔业水质标准或三类地表水标准再循环回养殖池塘，实现养殖废弃物资源化利用，确保达到零污染、零排放。

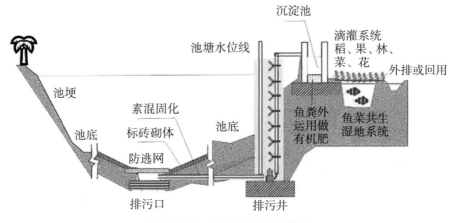

池塘底排污水质改良技术模式图

三　养殖系统构成

池塘底排污系统指将池塘底部的鱼体排泄物等有机颗粒废弃物和废水排出养殖水体的一种水质改良技术系统，主要由底排污口、排污管道、排污出口竖井、排污阀门等组成。

1.池塘基本建设

底排污池塘的建设要符合池塘养殖场的主体建筑，其形状、面积、深度和塘底主要取决于地形、养鱼品种等的要求，一般为长方形，东西向，长、宽比为（2～4）:1,池塘埂子的坡比和护坡形式根据当地的质地地貌确定。鱼塘底部坡度为 0.2%～7%。长、宽比大的池塘水流状态较好，管理操作方便；长、宽比小的池塘，池内水流状态较差，存在较大死角和死区，不利于养殖生产。池塘的朝向应结合场地的地形、水文、风向等因素，尽量使池面可充分接受阳光照射，满足水中天然饵料的生长需要。池塘朝向也要考虑是否有利于风力搅动水面，增加溶氧量。在山区建造养殖场，应根据地形选择背山向阳的位置。表 3-8 为不同类型淡水池塘的规格参考值。

表 3-8　不同类型淡水池塘规格参考

池塘类型	面积（㎡）	池深（m）	长、宽比	备注
鱼苗塘	1000.1～1333.4	1.5～2	2:1	兼作鱼种塘

池塘类型	面积（㎡）	池深（m）	长、宽比	备注
鱼种塘	1333.4 ~ 3333.5	2 ~ 2.5	（2 ~ 3）∶1	
成鱼塘	3333.5 ~ 10000.1	2.5 ~ 3.5	（2 ~ 4）∶1	可宽埂
亲鱼塘	2000.1 ~ 2666.8	2.5 ~ 3.5	（2 ~ 3）∶1	应靠近产卵池
越冬塘	3333.5 ~ 6666.7	3 ~ 4	（2 ~ 4）∶1	近水源

2. 池塘底部改造

池塘底部坡度为 0.2% ~ 7%；池塘最低处修排污口。

池塘底部改造

3. 塘底排污口

塘底排污口位于池塘底部最低处，方形，长 80cm，宽 80cm，深 40cm 以上。周围固化面积大于 6m²，呈 15°～ 30° 的锅底形。排污口上盖挡水板，挡水板呈正方形，有 4 个支撑点，顶盖与排污口间缝隙的总面积小于排污管口面积。

4. 排污管

排污管为 PVC 管。总排污管直径通常为 315mm，池塘规格较小可相应缩小总排污管直径。分支排污管直径根据池塘大小确定，通常面积小于 30 亩的池塘的分支排污管直径为 110 ~ 160mm，面积在 30 亩及以上的池塘的分支排污管直径为 200mm。

5. 竖井

用于安置排污出口抽插开关的立方体水泥井。围绕较近池塘区域修建（如建于池埂上），池塘底排污口与竖井内出污口（竖井接口）应有 1% ~ 2% 的坡度以便池塘养殖固体颗粒废弃物和废水排出，具体的高位差可根据不同地形地貌因地制宜确定；当池塘无高位差或高位差较小时，5 亩以内的池塘最好多口池塘共用一竖井，面积大于 5 亩的最好 2 口池塘共用一竖井。竖井内一个插管对应一个插管口，插管口为锅底形，高度约为 10cm。

6. 固液分离池

目前优选出的固态分离法为自然沉淀法，这种方法可将养殖沉积物分离为固形物和分离液，比例为 1 : 9，固形物总氮 1.9%、总磷 1.6%，分离液总氮 0.1%、总磷 0.07%。固液分离池的主要原理是利用比重对养殖污水中污染颗粒进行沉淀分离，主要作用是沉沙，比重最大的沙砾在这一阶段快速沉淀。固液分离池面积为养殖面积的 0.1% ~ 0.5%，长、宽、深比为 6.5 : 3.3 : 1（深度可视具体情况做调整），斜向出水口的坡度为 0.2% ~ 7%。沉淀池近底部安装一根直径 15cm 的排泥管，排泥管下端安装闸阀，控制泥粪排放。出水口的上清液进入竖流沉淀池进一步处理，近底部排泥管将污泥转运到集粪池。固液分离池都用标砖（240mm×115mm×53mm）砌 240mm 厚的墙体（个别地区地质条件不好的可加厚）。用 1 : 3 的水泥灰浆做底灰和表面抹灰处理。地基用 C25 混凝土做 10 ~ 20cm 厚的地基，地质条件较差的地区则需打桩或编制钢筋网加固地基。

7. 集粪沟

集粪沟宽度、深度按当地水沟内的最大洪水量设计。集粪沟底部为 0.2% ~ 7% 的坡度，水流方向统一指向集粪坑。集粪沟的路线经过底排污池、固液分离池、人工湿地、其他鱼塘排水口及自身排出口。集粪沟的护坡均采用 C20 水泥砂浆护坡，坡比为 1 : （0.8 ~ 1）。

8. 晒粪台

晒粪台建设依养殖固体颗粒、有机物的多少确定，可大可小。也可不必专门修建晒粪台，因地制宜利用固液分离池周边空地晒粪。

9. 养殖固体废弃物综合利用

固液分离池收集的养殖沉积有机物可用来种植瓜果蔬菜。上清液用于滴灌湿地种植的水生经济植物，多余的水排入人工湿地，养殖滤食性鱼类和种植水生蔬菜、花卉等。

10. 人工湿地、鱼菜共生

鱼菜共生让动物、植物、微生物三者之间达到一种和谐的生态平衡关系，是未来可持续循环型零排放的低碳生产模式。湿地面积为养殖池塘的10%，种植水生蔬菜、花卉的浮床面积为湿地面积的 10% ~ 30%。

11. 增氧设备配备

底排污池塘配套使用多种增氧设施进行复合增氧。可选择增氧机的种类有：微孔增氧机、表曝机、水车增氧机、叶轮增氧机或涌浪机。水车增氧机和微孔增氧机安装在投饵区外缘附近，叶轮增氧机、涌浪机要远离投饵台。

四 养殖优势

1. 技术性能优点

（1）排污效率高。底排污池塘对底层污水和养殖沉积物的排出率可达80%。

（2）养殖效率高。底排污池塘与传统池塘相比，亩均产量提高20%（增加250kg以上），养殖效益每亩增加3000元以上。

（3）鱼类病害少。在养殖过程中，综合应用强增氧、原位水净化、多营养层级、精准投喂、健康护理、尾水循环处理等技术，达到清洁池塘、让鱼类在舒适的水环境中健康生长的目的。

（4）水体利用率高。上清液排入人工湿地循环利用或滴灌种植水生蔬菜，重复利用率达100%，水体净化处理后通过抽提进入养殖池循环利用，可节水60%。

（5）安全系数高。水质可控、病害低发，可有效降低药物用量，保障食品质量安全，产品检测合格率100%。

（6）节省人工成本。减少了清淤80%以上的能耗和劳动力。

2. 生态及社会效益

（1）尾水排放达标。经处理后的尾水水质达到《淡水池塘养殖水排放要求》（SC/T9101-2007）一级或二级标准。

（2）生态环境优美。排污口设置在圆锥形底中央，通过管道通向水处理区集污池，经固液分离，固体有机沉淀物作为有机肥用于种植农作物、蔬菜等，上清液流入潜流湿地、生态渠或进入池塘循环再利用，形成一个良性循环系统，生态环境优美。

（3）质量品质提升。池塘养殖环境条件达到无公害农产品要求，符合《无公害农产品淡水养殖产地环境条件》（NY/T15361-2016）要求。围绕绿色生态、提质增效的现代发展需求，池塘底排污系统可以为鱼类创造良好的生活环境，实现节能减排、提质增效和生态保护，促进水产养殖绿色高质量发展。

（4）现代人才培养。可建立产学研紧密结合、优势互补的专家队伍；培养一批掌握新技术的新型职业农民，改变传统养殖渔民面貌。

五　适用条件

可广泛适用于各类精养池塘。

六　案例分析

以池塘底排污水质改良技术模式应用于草鱼精养为例。草鱼在精养池塘养殖过程中产生的废弃物会超出水体自净能力，极易造成水体污染严重，致使鱼病频发，降低饲料转化率，增加养殖成本，降低养殖效益。本案例探究底排污设施在草鱼精养池塘的实际使用效果。

1. 试验方式

1号试验塘和2号对照塘面积均为2hm²，池塘平整，平均水深2.8m，水温20～28℃，增氧设备均配备充足。其中1号试验塘于2016—2017年进行底排污工程改造，在池塘的上风口、投饲区边缘5～10m处、池塘的低洼处建设5个直径10m、深1m的圆形集污池，每个集污池底建设一个0.4m×0.4m的锅底形集污口。池塘边配备一个长4m、宽2m、深3m的集污井。集污管道及水

位控制管选用直径 200mmPVC 管，集污管道延伸至集污井，连接 90° 弯头与集污井底面平齐。集污井底部设置 3 ~ 4kW·h 排污泵 1 台，并连接至排污管通向 3 级净化池。试验于 2020 年 4 月下旬分别在 1 号试验塘和 2 号对照塘投放相同数量的草鱼、鲢鱼、鳙鱼，其中投放草鱼 10 万尾，规格 50g/ 尾；鲢鱼 3000 尾，规格 250g/ 尾；鳙鱼 1800 尾，规格 150g/ 尾。该批次草鱼于 9 月底抬网捕捞出售，并于 10 月初再次投放草鱼 2 万尾，规格 50g/ 尾。2021 年 1 月，2 个池塘清塘捕捞（表 3-9）。

表 3-9　池塘草鱼苗种放养情况表

池塘编号	种类	放养规格（g/尾）	放养数量（尾）	放养重量（t）	捕捞规格（g/尾）	捕捞数量（尾）	捕捞重量（t）	成活率（%）
1 号	草鱼	50	120000	6	550	115909	63.75	96.6
2 号	草鱼	50	120000	6	535	105700	56.55	88.1

试验塘和对照塘均以草鱼养殖为主，适量套养鲢鱼、鳙鱼，采用同种规格的相同鱼种，统一放养密度和饲料，结合相同的底增氧、轮捕轮放、科学病害防控等草鱼精养技术。养殖期间按照"四定"原则进行投饲管理，使用粗蛋白质含量 30% ~ 32% 的配合饲料，4 月起每日投喂 3 次，早、中、晚各 1 次。增氧机以底增氧为主，根据天气、水质情况调节开机时间和时长。1 号试验塘适时开启底排污系统进行排污。养殖周期内，一般每 14 天进行 1 次底排污，夏季投料高峰期每 7 天进行 1 次底排污。排污时拔出水位控制管，打开排污泵，根据排出的污泥水情况调整排污时长，一般情况下排污 3 ~ 5 分钟即可，夏季排污 10 分钟左右。2 号对照塘则通过换水等手段进行水质控制。为了解 2 个池塘的水质情况，每月对各池塘进行水质监测，检测指标包括 pH 值、透明度、氨氮、总磷、高锰酸盐、亚硝酸盐，同时做好养殖三项记录（表 3-10）。

表 3-10　草鱼饲养情况表

池塘编号	种类	放养重量（t）	捕捞重量（t）	饲料单价（元/kg）	饲料成本（元）	饲料重量（t）	饲料系数
1 号	草鱼	63.75	63.75	5	438000	87.6	1.52
2 号	草鱼	63.75	56.55	5	416600	87.6	1.65

2. 试验测产

1 号试验塘草鱼出塘共计 63.75t，其中 2020 年 9 月底出塘 52.25t，2021 年 1 月底出塘 11.5t，鲢鱼、鳙鱼 2021 年 1 月清塘捕捞产量为 7.71t。2 号对照塘草鱼出塘共计 56.55t，其中 2020 年 9 月底出塘 48.35t，2021 年 1 月底出塘 8.2t，鲢鱼、鳙鱼 2021 年 1 月清塘捕捞产量为 5.825t。出塘时草鱼均价 13 元 /kg，鲢鱼、鳙鱼均价 7 元 /kg，1 号试验塘总产值 878947 元，平均产值 439473.5 元 /hm²，利润为 125373.5 元 /hm²；2 号对照塘总产值 775925 元，平均产值 387962.5 元 /hm²，利润为 81562.5 元 /hm²（表 3-11）。根据对比试验得出，应用底排污水质改良技术的池塘较未应用池塘，草鱼平均产量提高 3600kg/hm²，鲢鱼、鳙鱼产量提高 673kg/hm²，平均产值提高 51511 元 /hm²，利润提高 43811 元 /hm²。

表 3-11 试验池塘产量及产值情况表

池塘编号	种类	产量（t）	总产值（元）	利润（元 /hm²）
1 号	草鱼	63.75	828750	125373.5
	鲢鱼、鳙鱼	7.17	50197	
2 号	草鱼	56.55	735150	81562.5
	鲢鱼、鳙鱼	5.825	40775	

3. 水质稳定，生态安全

通过分析 2 个池塘水质监测数据可以发现，1 号试验塘的水质明显优于 2 号对照塘（表 3-12），说明底排污水质改良技术可以改善养殖水体水质，调节水体 pH 值，特别是在降低水体氨氮、总磷和有机物含量方面效果明显，可以有效解决养殖尾水排放污染问题。

表 3-12 试验池塘水质监测表

池塘编号	pH 值	透明度（cm）	DO（mg/L）	氨氮（mg/L）	总磷（mg/L）	高锰酸盐指数（mg/L）	亚硝酸盐（mg/L）
1 号	7.16 ± 0.18	20 ± 6.24	8.1 ± 1.04	0.473 ± 0.08	0.59 ± 0.12	8.3 ± 1.68	0.164 ± 0.01
2 号	7.37 ± 0.47	20 ± 9.85	8.43 ± 0.88	0.519 ± 0.20	1.94 ± 0.44	9.6 ± 1.30	0.196 ± 0.07

注：表格中数据均为平均数 ± 标准差

4. 排污效果明显

水产养殖过程中由于大量的投饲，致使水体氨氮、亚硝酸盐、含氮有机物和含磷有机物等污染物含量增加，导致水体富营养化。通过对比，1号试验塘在水质指标上均优于2号对照塘，其中氨氮、高锰酸盐指数、亚硝酸盐分别下降8.8%、13.5%和16.3%，总磷下降了69.6%，这表明池塘底排污水质改良技术的应用可有效收集并处理残饵、粪便等污染物，是一种较为高效的底质改良和水质调控集成技术，能解决传统养殖尾水外排污染问题，可有效实现水产绿色健康养殖，生态效益良好。

5. 美化养殖环境

养殖尾水排入水生植物净化区，为水生植物提供有机养料。水生植物吸收水体富营养物质后改善了养殖用水的水质，又形成一条天然有机的生态链，观赏苗木和花卉构成景观进一步美化了整体养殖环境。

七 池塘底排污过程示范图

1. 基本构成

由插井管和固液分离池组成，插井管与池塘底部集污口相连，控制底部污泥排出。固液分离池用于汇集处理污水。

固液分离池

插井管

2. 排污流程

分别拔起插井管中的两个白色管，让底部污水在池塘水的压力下通过管道压到插管井中。

待插管井污水集满关闭管道

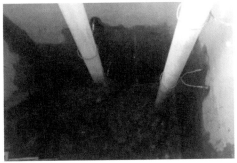

将污水抽进固液分离池中

收集污水

待固液分离池集满将污水沉降一天

收集富含有机质的淤泥

收集的淤泥可用于塘口种植蔬菜

第八节 淡水池塘养殖尾水生态化综合治理技术模式

一 背景

2017年,浙江省湖州市德清县在全国率先探索开展以规模场自治和连片养殖集中治理相结合的养殖尾水全域治理,通过养殖区"新品种、新技术、新模式、新渔机"的原位处理和连片治理区"沉淀池、过滤坝、曝气池、生物净化池、洁水池"等异位处理,全县实现养殖尾水的生态化处理,达到循环利用或达标排放。该技术模式2018年在浙江有普遍推广,2019年以来连续多年入选农业农村部主推技术。

通过推广养殖尾水生态化综合治理技术模式,将传统鱼塘、标准鱼塘转型升级成绿色生态鱼塘,对于破解渔业发展瓶颈问题,解决渔业提质增效与水环境保护之间的矛盾,开启渔业绿色高质量发展的新篇章具有重要作用。

二 基本原理

以规模养殖场自治和连片养殖池塘集中治理相结合的方式,根据不同养殖品种,按养殖面积6%～10%的比例设置尾水处理区,通过养殖区"新品种、新技术、新模式、新渔机"的原位处理和治理区"沉淀池、过滤坝、曝气池、生物净化池、洁水池"等异位处理,配套养殖场绿化和景观,实现养殖尾水的生态化处理,达到循环利用或达标排放。

规模治理点养殖区域面积原则上不少于200亩,集中治理点养殖区域面积原则上不少于300亩,养殖区域应集中连片。

养殖尾水治理设施面积所占养殖总面积的比例根据不同养殖品种确定,其中,养殖大宗淡水鱼、淡水虾类的治理面积不少于6%,养殖乌鳢、大口黑鲈、黄颡鱼、翘嘴红鲌以及龟鳖类的治理面积不少于10%,其他品种治理面积8%。

尾水处理设施面积占养殖总面积较大的，应建立"四池三坝"，处理工艺流程主要为：生态沟渠→沉淀池→过滤坝→曝气池→过滤坝→生物净化池→过滤坝→洁水池。养殖污染较少的品种，可采用"四池两坝"的治理模式，处理工艺流程主要为：生态沟渠→沉淀池→过滤坝→曝气池→生物净化池→过滤坝→洁水池。为满足蓄水功能，沉淀池与洁水池面积应尽可能大，沉淀池、曝气池、生物净化池、洁水池的比例约为 45：5：10：40。

三 养殖系统构成

1. 生态沟渠

利用养殖区域内原有的排水渠道或周边河沟进行改造而成，进行加宽和挖深，宽度不小于 3m，深度不小于 1.5m。沟渠坡岸原则上不硬化，种植绿化植物，在沟渠内设置浮床，种植水生植物，利用生态沟渠对养殖尾水进行初步处理，最终汇集至沉淀池（已硬化的沟渠只需设置浮床种植水生植物；无可利用沟渠时，用排水管道将养殖尾水汇集至沉淀池）。

2. 沉淀池

沉淀池面积不小于尾水处理设施总面积的 45%，尽量挖深，在沉淀池内设置"之"字形挡水设施，增加水流流程，延长养殖尾水在沉淀池中的停留时间，并在池中种植水生植物，以吸收利用水体中的营养盐。沉淀池四周坡岸不硬化，坡上以草皮绿化或种植低矮树木。

3. 曝气池

曝气池面积为尾水处理设施总面积的 5% 左右，每 $3m^2$ 设置至少 1 个曝气头，曝气头安装时应距离池底 30cm 以上，罗茨风机配备功率不小于每 100 个曝气头 3kW，罗茨风机须用不锈钢罩保护或安装在生产管理用房内。曝气池底部与四周坡岸应硬化或用水泥板护坡或铺设土工膜，以防止水体中悬浮物浓度过高堵塞曝气头。在曝气池中定期添加芽孢杆菌、光合细菌等微生物制剂，用以加速分解水体中有机物。

4. 生物净化池

生物净化池面积占尾水处理设施总面积的 10% 左右，池内悬挂毛刷，密度不小于 6000 根 / 亩，毛刷设置方向应与水流方向垂直，毛刷底部用聚乙烯绳或不锈钢丝固定，确保毛刷挺直，不随水流飘动。定期添加芽孢杆菌、光合细菌等微生物制剂，用以加速分解水体中有机物。池塘四周坡岸不硬化，坡上以草皮绿化或种植低矮树木。

5. 洁水池

洁水池面积应占尾水处理设施总面积的 40% 以上，池内种植伊乐藻、苦草、铜钱草、空心菜、狐尾藻、荷花等水生植物，四周岸边种植美人蕉、菖蒲、鸢尾、再力花等植物，合理选择植物种类，分类搭配，保证四季均有植物生长。水生植物种植面积应占洁水池水面的 30% 左右，同时可在池内放养鳙鱼、河蚌、螺蛳等滤食性水生动物，进一步改善水质。

6. 过滤坝

用空心砖或钢架结构搭建过滤坝外部墙体，在坝体中填充大小不一的滤料。滤料可选择陶粒、火山石、细沙、碎石、棕片和活性炭等。坝宽不小于 2m；坝长不小于 6m，以 200 亩养殖面积为起点，原则上每增加 100 亩养殖面积，坝长加 1m；坝高应基本与塘埂持平。坝面中间应铺设板块或碎石，两端种植低矮景观植物。坝前应设置一道细网材质的挡网，高度与过滤坝持平，用以拦截落叶等漂浮物。过滤坝建设还应注意配套汛期泄洪设施。

7. 排水设施

所有排水设施应为渠道或硬管，不得使用软管。尽可能做到水体自流，因地势原因无法自流的，应建设提升泵站。通过泵站合理控制各处理池水位，确保各设施正常运行，处理效果良好。

8. 监控设备

在尾水处理设施的中央和排水口各安装一套可 360° 旋转的监控摄像头，进行远程监控。

9. 物联网设备

在曝气设备上安装智能曝气控制装置，做到定时开关曝气设备。

四　技术优势

1. 尾水可实现达标排放

该技术模式夏季处理效果最好，其次是春、秋季，冬季处理效果稍差，但仍然能稳定运行，保障出水水质达标。

2. 建设门槛较低

池塘养殖尾水生态化综合治理技术模式工艺简单，建设费用较低，运行维护便捷，适合内陆淡水养殖池塘推广应用。

3. 能源消耗较少

生态沟渠、曝气池、沉淀池等水体几乎处于同一水平面，水循环动力能耗较少。

五　适用条件

适宜全国各地的淡水养殖池塘，尤其是集中连片重点渔区。养殖池塘应具有一定规模、呈连片布局，且养殖场具有一定的水、电、通信条件。养殖区域内应具有较好的组织管理结构，配备一定数量的技术人员。定期保持对水质的监测，加强对尾水治理设施的运行与维护。

六　案例分析

某地选择 3 个养殖品种，利用生态化综合治理技术开展尾水治理，其中低污染养殖品种为青虾，中污染养殖品种为翘嘴鲌，高污染养殖品种为大口黑鲈。3 个品种尾水治理点建设情况见表 3-13。

表 3-13　不同养殖品种的污染治理建设规模

项目	沉淀池 （hm²）	曝气池 （hm²）	生态池 （hm²）	过滤坝数量 （条）	过滤坝		污染类型
					长（m）	宽（m）	
青虾	0.67	0.13	0.53	2	5	2	低污染
翘嘴鲌	0.3	0.07	0.3	2	8	2	中污染
大口黑鲈	2	0.2	2.3	2	10	2	高污染

1. 治理效果

采用沉淀池＋过滤坝＋曝气池＋过滤坝＋生态池多级组合系统处理不同污染类型的内陆池塘养殖尾水，均可实现出水总悬浮固体（TSS）、总氮（TN）、总磷（TP）、化学耗氧量（COD）的达标排放。该系统夏季处理效果最好，其次是春、秋季，冬季处理效果稍差，但仍然能稳定运行，保障出水水质达标。其中，低、中、高 3 种污染类型 TSS 平均去除率分别为 48.1%、55% 和 60.7%；TN 全年平均去除率分别为 55%、59.2% 和 64.2%；氨氮全年平均去除率分别为 76.9%、80.5% 和 78%；TP 全年平均去除率分别为 68.6%、71.5% 和 72.1%；COD 平均去除率分别为 52.3%、50.4% 和 51.8%。

2. 经济成本

低、中、高污染类型示范点建设总投资分别为 27.4 万、22.2 万和 58.7 万元（表 3-14），折算到每公顷养殖池塘尾水处理建设投资费用为 1.370 万、2.775 万和 1.304 万元，尾水处理养殖面积越大，建设费用越低。相比于传统的潜流型人工湿地以及生活污水处理工程，该系统建设费用较低。该系统仅过滤坝部分需要水泥硬化、铺设填料，极大节省了水泥、沙子等填料费用，且过滤坝过滤效果好，不易堵塞，维护简单。

表 3-14　工程建设总投资（单位：万元）

项目	青虾	翘嘴鲌	大口黑鲈
PVC 暗管	3.3	1.3	5.6
沉淀池	3.6	1.9	8.2
过滤坝	8.2	12.4	16.4

项目	青虾	翘嘴鲌	大口黑鲈
曝气池	2.6	1.7	6.4
生态池	4.1	2.2	7.1
土地成本	2.4	1.2	8.1
人工等其他	3.2	1.5	6.9
总计	27.4	22.2	58.7

3 个尾水治理点每年运行费用分别为 6.5 万、3.1 万、18 万元（表 3-15），分摊到每公顷养殖池塘尾水处理费用仅为 0.325 万、0.387 万和 0.4 万元，维护费用较低，养殖户比较容易接受，易于推广。

表 3-15　系统运行费用（单位：万元）

项目	青虾	翘嘴鲌	大口黑鲈
塘租	2.4	1.2	7
电费	1.1	0.5	3.2
水草	1	0.5	2.8
生态池水生动物	0.6	0.2	1.8
曝气装置	0.2	0.1	0.6
生物毛刷	0.2	0.1	0.6
人工	1	0.5	2
总计	6.5	3.1	18

3. 生态、经济效益

通过开展养殖尾水生态化综合治理，一定程度上改善了集中养殖区周边河道水体环境，此外，在沉淀池、曝气池和生态池岸边浅水区种植美观的挺水植物，在生态池浮床上种植观赏性良好的挺水或者漂浮植物，具有良好的生态效益。净化后的达标水体可循环利用，经过改善的外河水水质较好，减少了养殖病害的发生，形成良性循环。生态池内每年可收获一定的水产品，具有一定的经济效益。

参考文献

[1] 江洋，汪金平，曹凑贵．稻田种养绿色发展技术 [J]．作物杂志，2020，（02）：200-204.

[2] 毛栋．浅谈稻田绿色种养模式和技术 [J]．当代水产，2019，44（09）：86-89.

[3] 刘俊强，张素芬，张海峰．鱼菜共生种养技术的探究与实践 [J]．科学养鱼，2020，（10）：82.

[4] 李微，任黎华，戴永良．池塘鱼菜共生循环水养殖技术 [J]．水产养殖，2018，39（12）：27-28.

[5] 焦宗垚，沈卓坤．池塘工程化循环水养殖技术模式简介 [J]．海洋与渔业，2021，（2）：102-103.

[6] 何绪刚．池塘"零排放"绿色高效圈养技术 [J]．科学养鱼，2019，（09）：16-17.

[7] 杨军，艾健，沈修俊，等．池塘"零排放"绿色高效圈养模式的实践及发展前景——以湖北省宜昌市为例 [J]．水产养殖，2021，42（07）：37-40.

[8] 何绪刚．池塘"零排放"绿色高效圈养新模式 [J]．渔业致富指南，2019，（14）：27-28.

[9] 林海强，侯同玉，李庆勇，等．工厂化循环水系统在大口黑鲈养殖中的应用 [J]．科学养鱼，2021，（08）：39-40.

[10] 蒋明健，薛洋，程自建．鱼塘底泥自动排污水质改良技术 [J]．植物医生，2016，29（5）：26-29.

[11] 王波，蒋明健，薛洋，等．鱼塘淤泥自动排污水质净化改良技术 [J]．南方农业，2016，10（19）：111-115+122.

[12] 沈乃峰，公翠萍，王曙，等．淡水池塘养殖尾水处理净化效果及工艺流程优化建议 [J]．中国水产，2021（9）：73-75.

[13] 董贯仓，王亚楠，孙鲁峰，等．不同稻渔系统对池塘养殖尾水的净化效果分析 [J]．环境监测管理与技术，2021（1）：65-68.

[14] 魏万权，林仕梅．水产养殖中溶解氧的研究 [J]．饲料工业，2007，28（16）：20-23.

[15] 袁新程，施永海，刘永士．池塘养殖废水自由沉降及其三态氮、总氮和总磷含量变化 [J]．广东海洋大学学报，2019，39（4）：56-62.

[16] 罗刚，刘兴国，张海琪，等．全域治尾水加快促转型德清县开启水产养殖绿色发展新时代：浙江省德清县养殖尾水排放综合治理调研报告 [J]．中国水产，2018，（1）：32-35.

[17] 刘梅，原居林，倪蒙，等．"三池两坝"多级组合工艺对内陆池塘养殖尾水的处理 [J]．环境工程技术学报，2021，11（1）：97-106.